시공간은
휘어지지
않는다

우주의 비밀 2

시공간은 휘어지지 않는다

김균찬 · 김영희 지음

KM 경문사

우주의 비밀 2

시공간은 휘어지지 않는다

지은이 김군찬 · 김영희
펴낸이 조경희
펴낸곳 경문사
펴낸날 2018년 3월 5일 1판 1쇄
등 록 1979년 11월 9일 제313-1979-23호
주 소 04057, 서울특별시 마포구 와우산로 174
전 화 (02)332-2004 팩스 (02)336-5193
이메일 kyungmoon@kyungmoon.com
facebook facebook.com/kyungmoonsa

값 10,000원

ISBN 979-11-6073-107-1

★ 경문사 홈페이지에 오시면 즐거운 일이 생깁니다.
http://www.kyungmoon.com

한국과학기술출판협회 회원사

β

우주의 본질을 밝히는 두 번째 황금 열쇠

이 책을 시작하며

물을 흠뻑 먹은 스펀지를 쥐어짜면 어떻게 될까? 당연히 물이 줄줄 흘러내릴 것이다. 이제 상당히 큰 직육면체 모양의 스펀지가 있다고 가정하자. 그리고 가상적이지만 그 속에 독자가 들어가 있고 독자의 몸은 스펀지와 분리될 수 없는 일부분이라고 하자. 이제 스펀지를 잡고 위아래로 물결이 일듯이 접거나 행주 쥐어짜듯이 비틀면 독자의 몸은 어떻게 될까? 물론 심하게 접히거나 꽈배기처럼 꼬여 무시무시한 결과가 일어날 것이다.

2016년 6월 16일 두 국제 공동연구진인 '라이고 과학협력단'과 '비르고 협력단'은 지구로부터 13억 광년 떨어진 곳에서 두 개의 거대한 블랙홀이 합쳐지면서 발생한 중력파가 실제로 탐지되었다고 발표했다. 중력파는 큰 별이 폭발하거나 두 블랙홀이 충돌해 새롭고 거대한 블랙홀이 생성되는 등의 우주현상으로 생기며 마치 물결처럼 우주 공간으로 퍼져나가 일시적으로 공간과 시간(아인슈타인은 이 둘을 합쳐서 '시공간'이라 불렀음)을 일그러뜨린다고 보고 있다.

중력파 신호는 검출기에서 0.15초 동안 지속되었다고 한다. 즉, 이 짧은 시간 동안 미미하지만 우리가 속한 공간이 파동처럼 휘어지고 비틀어졌다는 것이다. 빛의 속도로 13억 광년이 걸리는 먼 장소에서 발생하여 지구에 도달했기 때문에 강도가 약해져 우리 자신은 전혀 느끼지 못했다고 볼 수 있다.

이것이 사실이라면 예삿일이 아니다. 지구가 속한 은하수에는 1000억 개 이상의 별들이 있고 은하수의 중심에는 거대한 블랙홀도 있다고 알려져 있다. 엄청나게 강한 중력파가 13억 광년 떨어진 곳이 아니라 우리가 사는 은하수에서 발생한다면? 0.15초가 아니라 극히 짧은 시간 동안이라도 그 결과는 어쩌면 상상을 초월할 정도로 파괴적일 것이다.

만약 공간이 존재한다면 독자가 스펀지에 들어가 있는 것처럼 우리 모두는 공간 속에 들어가 있다고 할 수 있다. 시공간(사실은 공간임. 설령 시간이 있다 하더라도 시간은 절대적이고, 궁극적으로 '시간은 존재하지 않는다'라는 것을 이 책의 전편인 《우주에서 시간이 사라지다》에서 밝혔음)이 파동처럼 심하게 휘어지고 구부러진다면 우리의 몸도 밀가루 반죽처럼 심하게 접히고 비틀어질 것이다. 어쩌면 뼈가 엿가락처럼 휘어져 부러지고 살과 근육은 비틀어져 짓이겨질 것이고 눈과 심장은 파열될 것이다. 상상만 해도 끔찍하고 소름이 돋는다. 펄펄 끓고 있는 냄비 뚜껑을 열어젖힐 때 뜨거운 열기가 우리의 팔과 얼굴에 확 덮쳐오는 것하고는 차원이 다르다. 하지만 걱정하지 않아도 된다.

왜냐하면 공간은 휘어지지 않기 때문이다!

만약 공간이 존재한다면 공간은 고무판처럼 휘어지고 구부러지고 비틀어지지 않는다. 뉴턴이 주장했듯이 공간은 변하지 않고 절대적이다.

아인슈타인은 뉴턴과는 달리 공간은 휘어지고 구부러질 수 있다고 생각했다. 왜냐하면 먼저 중력에 의해서 빛이 휜다고 생각했기 때문이다. 멀리서 오는 별빛이 태양 곁을 지나갈 때 중력에 의해서 빛의 경로가 휜다는 것이다. 아인슈타인의 생각이 옳다는 것은 1919년에 있은 실제 관측(에딩턴이 이끄는 프린시페 팀과 데이비드슨이 이끄는 수브랄 팀이 각각 서아프리카와 브라질에서 일식을 관측해 태양 근처에서 별빛이 휘어지는 것을 확인)에 의해서 증명되었다. 빛이 중력에 의해서 휜다는 것은 이제 의문의 여지가 없다. 아무도 이의를 달지 않고 우리 모두 이를 받아들이고 있다.

하지만 아인슈타인은 한 걸음 더 나아갔다. 중력에 의해서 빛이 휜다는 사실을 다음과 같이 설명했다. "태양과 같은 질량은 그 주위의 공간을 휘게 하고, 휘어진 공간을 빛이 지나가기 때문에 빛은 질량에 의해서 휜다." 그래서 지구가 태양 주위를 도는 것도 태양 주위의 공간이 질량에 의하여 휘어져 있기 때문이라는 것이다. 이것이 아인슈타인의 '새로운 중력이론'이다.

이 책의 목표는 **질량에 의해서 시공간이 휘어지지 않는다**는 것을 밝히는 데 있다. 시간은 속도나 중력에 의하여 천천히 흐르거나 빨리 흐르지 않을 뿐만 아니라 우리가 속해 있다고 느껴지는 공간 역시 질량에 의하여 휘어지거나 구부러지지 않는다는 것이다. 구체적으로 질량에 의해서 공간이 휠 수 있다는 발상은 어떻게 하게 되었는지, 왜 이런 잘못된 생각을 가지게 되었는지, 이 책에서 저자는 질량에 의해서 공간이 휘지 않는다고 주장하는 이유는 무엇인지를 밝히고자 한다.

공간이 질량에 의해서 휜다는 것을 뒷받침해주는 근거는 무엇이었을까? 어떤 동기에 의하여 아인슈타인은 공간이 질량에 의해서 휜다는 생각을 하게 되었을까? '태양의 질량에 의한 별빛의 휨'을 예로 들어 보자. 오래 전 학자들은 뉴턴 역학을 이용하여 별빛이 태양 곁을 지나갈 때 휘는 각을 계산해 보았다. 그 결과 0.875각초(또는 0.875초라고 읽고 0.875″라고 표시함)가 나왔다. 참고로 1도는 3600각초이다. 그 후 많은 사람들은 빛이 휘는 각도를 실제로 관측한다면 어떻게 나올지가 궁금했다. 에딩턴도 그중 한 사람이었다. 그는 데이비드슨이라는 사람과 함께 1919년에 개기일식을 이용하여 태양에 의해서 별빛이 얼마나 휘는지 실제로 관측해보았다. 그 결과 평균 1.8각초가 나왔다. 그 후에도 정밀한 관측에 의하여 1.75각초임이 밝혀졌다. 뉴턴 역학에 의한 결과와 실제 관측한 값 사이에 괴리가 생긴 것이다.

아인슈타인은 태양의 질량에 의하여 시공간이 휘어져 있다는 전제하에 얻은 방정식을 이용해서 다루어 보았다. 그 결과 놀랍게도 실제 관측한 값과 같은 1.75각초가 나왔다. 이로써 그는 질량은 공간을 휘게 한다는 것에 확신을 가지게 되었다. 그렇지 않고는 정확한 값이 나올 수가 없다는 것이다. 그래서 그는 뉴턴 역학이 틀렸다고 생각했고, 많은 사람들 또한 그렇게 믿었다.

정말일까? 정말 뉴턴 역학이 틀렸을까? 결론부터 말하면 "아니다!"이다. 틀리지 않았다. 뉴턴 역학으로 빛의 휨을 계산하는 과정에는 아무런 오류도 없다. 그렇다면 왜 뉴턴 역학에 의한 값은 실제 관측에 의한 값의 반만 나왔을까? 왜냐하면 **태양의 중력을 이용하여 별빛이 휘는 각을 계산할 때 그 각의 꼭짓점, 즉 기준점이 실제 관측자의 기준점과 달랐기 때문이다!** 그 기준점을 일치시킨다면 실제로 관측한 값과 같게 나온다. 다행히 일반 상대성 이론에 의한 기준점은 관측자의 기준점과 같았다.

'수성의 근일점 이동' 문제도 마찬가지이다. 뉴턴 역학은 틀리지 않았다. 이 경우에는 기준점이 문제가 아니라 전체 계산 과정에서 한 가지를 인식하지 못하고 빠트렸다고 볼 수 있다. **태양의 중력에 의하여 별빛이 휘듯이 수성도 추가적으로 휘어 근일점 이동이 추가적으로 일어난다는 사실을 간과한 것이다.**

뉴턴 역학이 틀리지 않았다는 것은 무엇을 의미하는가? 그것은 '질량에 의해서 공간이 휘어질 필요가 없다는 것'을 뜻한다. 뉴턴의 중력, 뉴턴의 만유인력 법칙만으로도 모든 것을 다룰 수 있기 때문이다. 나아가서 시공간이 물결처럼 휘고 구부러지는 '중력파'라는 개념은 무의미할 수도 있다는 것을 암시한다.

우주의 본질은 무엇인가? 우리의 호기심과 상상력을 가장 강하게 자극하는 질문이 아닌가 생각된다. 흘러가는 것 같지만 잡히지 않는 **시간**, 속한 것 같지만 느껴지지 않는 **공간**, 그리고 보이는 것은 극히 일부이고 보이지 않는 것이 대부분이라고 하는 **물질과 에너지**로 구성되어 있는 우주! 우리는 때때로 시간이란 무엇인지, 공간이란 무엇인지를 묻고는 한다. '이들의 정체는 무엇인가?', '본질은 무엇인가?', '이들은 실재하는 그 무엇인가, 아니면 추상적인 개념인가?'.

브라이언 그린은 《우주의 구조》에서 "시간과 공간의 진정한 성질을 알아낸다면, 그것은 인류 지성의 위대한 승리로 역사에 기록될 것이다. 인간이 경험할 수 있는 최대의 한계인 시간과 공간, 그 비밀이 밝혀지는 날은 반드시 찾아올 것이다."라고 했다.

저자는 우주의 특성, 우주의 본질을 올바르게 이해하기 위하여 오랜 기간 동안 연구를 하였다. 그리고 그 연구 결과를 3권의 시리즈로 엮어내고자 하였다. 이 책은 '우주의 비밀' 시리즈 두 번째 책이다.

이 책의 목적은 우주의 본질, 우주의 비밀을 밝히는 두 번째 열쇠인 '공간의 본질'을 파악함으로써 우리가 사는 광활하고, 신비스럽고, 경이롭기까지 한 우주는 실제로 무엇으로 구성되었는지, 우주의 운명은 앞으로 어떻게 되는지를 더욱 더 이해하는 데에 있다.

이 책은 총 6부로 구성되었다.

1부에서는 일반 상대성 이론은 어떻게 시작되었는지, '질량이 공간을 휘게 한다'는 발상에 어떤 허점이 있는지를 알아본다.

2부에서는 물체나 천체의 운동을 그릴 수 있는 뉴턴 역학에 대하여 복습하고 뉴턴 역학으로 다룰 수 있는 몇 가지 사례들을 살펴본다.

3부에서는 일반 상대성 이론과 관련되는 핵심 개념인 미분, 텐서, 선요소, 크리스토펠 기호, 아인슈타인 방정식 등을 이해한다.

4부에서는 '질량에 의하여 별빛이 휘는 각'을 계산하기 위하여 뉴턴 역학과 일반 상대성 이론을 어떻게 적용했는지를 상기하고 뉴턴 역학 방법은 틀리지 않았다는 것을 밝힌다.

5부에서는 '수성의 근일점 이동'을 계산하기 위하여 뉴턴 역학과 일반 상대성 이론을 어떻게 활용했는지를 복습하고 실제 관측한 값과 뉴턴 역학으로 계산한 값의 차이인 43″에 대하여 투박하지만 뉴턴 역학에 의한 새로운 풀이 방법을 제시하고자 한다.

6부에서는 '시간 지연 현상은 일어나지 않는다'에 대하여 한 번 더 상기하고 시공간의 곡률에 대한 잘못된 생각을 지적한다. 더욱이 질량에 의하여 시공간이 구부러진다고 했을 때 계산되는 양은 빛이 중력에 의하여 휘는 각에 불과하다는 것임을 밝힌다.

이 책을 읽고 나면 **질량에 의하여 공간이 휘어지지 않는다는 것**을 알 수 있다. **뉴턴 역학은 근사 값이 아니라 실제 관측한 값과 같은 정확한 값을 계산해 낸다는 것**을 알 수 있다. 공간과 시간을 합친 **시공간의 개념은 불필요한 것**이며 **아인슈타인 방정식은 중력에 의한 효과를, 일어나지도 않는 시공간의 굴곡으로 나타낸 식일 뿐이라는 것**을 알 것이다. 다만 뉴턴 역학에 의한 결과와 동일하게 나오기 때문에 **아인슈타인 방정식을 버리지 않아도 된다.** 그리고 **만약 공간이 존재한다면 공간은 절대적이어야 하며 어쩌면 공간이 존재하지 않을 수도 있다고 생각할 것**이다.

뉴턴 역학과 일반 상대성 이론을 이용하여 빛이 질량에 의하여 얼마나 휘는지, 수성의 근일점 이동은 얼마나 일어나는지 등을 계산하고 이해하는 것은 일반인들에게는 쉽지가 않다. 따라서 이 책의 내용을 다음과 같이 구성하였다. 먼저 미분, 적분에 대한 기초 개념이 등장하지만 고등학교 때 배운 수학 정도면 일반 독자들도 쉽게 이해하고 재미있게 읽을 수 있도록 그림과 비유와 은유를 들어 설명하였다. 한편, 복잡한 수학 전개와 이를 참조한 문헌은 전공자나 수학적 유도과정에 관심을 가진 독자들을 위하여 부록과 미주에 수록하였다.

'우주의 비밀 시리즈 1'인 《우주에서 시간이 사라지다》에 이어 이 책이 나오기까지 수고해 주신 경문사 관계자분들께 진심으로 감사를 드린다.

2018년 1월
저자 일동

차례

관점의 중요성

우주는 어떻게 생성되었을까?

…… '뱅(Bang)!' 1초, 2초, 3초, ……

이것이 우주 생성의 한 시나리오이다. 대부분의 과학자들은 '뱅(Bang)'의 순간 전에는 시간과 공간이라는 개념이 없었다고 주장한다. 137억 년 전, 한 점에서 시작하여 갑작스러운 '인플레이션'을 거쳐 무한의 온도와 무한의 밀도 상태인 우주가 팽창을 하여 지금의 우주가 만들어졌다는 것이다. 이를 '빅뱅 이론'이라고 부른다. 최근에 받아들여지고 있는 이론이다.

또 다른 시나리오도 있다. 성경에 나오는 신에 의한 '창조론'이다.

…… 빛이 있으라! 하여 빛이 생겼다.

이렇게 만들어진 우주는 단순한 우주가 아니다. 천체 유동에 의해서 우주에 시간이라는 관념이 생겨났고(지구가 태양 주위를 돌며 자전과 공전을 하다 보니 낮과 밤 그리고 사계절이 만들어져), 물질과 에너지가 보이므로 이들을 담을 공간 개념이 필요하였다. 그래서 우주는 크게 시간, 공간, 물질과 에너지로 이루어져 있다고 생각했다.

그런데 시간과 공간의 본질에 대한 의문은 과거나 지금이나 끝없이 계속되고 있다. 시간이란 실재하는 그 무엇인가? 공간은 과연 있는 것일까? 있다면 유한할까, 무한할까?

뉴턴은 시간과 공간을 절대불변의 실체로 간주했다. 우주의 어느 곳이든, 누구에게든, 시간은 실재하며 똑같이 절대적으로 흐른다고 생각했다. 그리고 공간은 실재하되 무한하며 전혀 변하지 않는 절대적인 것이라고 여겼다. 행성들과 별들은 서로 만유인력을 주고받으면서 이 절대적인 공간에 분포해 있다고 보았다.

아인슈타인 역시 시간과 공간을 물리적 실체로 인식했다. 다만 뉴턴과는 큰 차이점이 있었다. 시간과 공간은 실재하지만 절대적이 아니라 상대적이라는 것이었다. 빨리 움직이는 사람은 천천히 움직이는 사람보다 시간이 더 천천히 흐르고(이를 '시간 지연 현상'이라고 함), 질량에 의하여 공간이 휘어질 수 있다는 것이다. 그는 또한 시간과 공간을 묶어 '시공간'이라는 개념을 만들고 시공간은 휘어지고 구부러지고 비틀어질 수 있다고 하였다.

시간과 공간의 본질에 대하여 다음과 같이 주장하는 과학자들도 있다. 시간과 공간은 보이지도 않고 만질 수도 없고 느낄 수도 없기 때문에 물리적 실체가 아니라고.

저자는《우주에서 시간이 사라지다》에서 시간 지연 현상은 일어나지 않으며 바로 위에 언급한 과학자들과 같이 '시간은 존재하지 않는다는 것'을 주장하였다. 시간은 인간의 편의 때문에 도입하였을 뿐, 사람에 따라 천천히 흐르지도 않고 실재하지도 않는다는 것이다.

그렇다면 공간은 어떨까? 공간이 있다면 정말 질량에 의하여 휘어질까? 이에 대한 답은 "아니다."이다. 공간이 휘어져 있지 않으면 어떻게 일반 상대성 이론은 별빛이 태양 근처를 지나갈 때 휘어지는 각을 정확하게 계산할 수 있었을까? '이 책을 시작하며'에서 언급하였듯이 중력을 토대로 하는 뉴턴 역학은 아무런 문제가 없다. 뉴턴 역학은 틀리지 않았다. 다만 뉴턴 역학으로 휘어진 각을 계산할 때의 기준점(각의 꼭짓점)이 불행하게도 실제 관측자의 기준점과 달랐을 뿐이다. 일반 상대성 이론은 질량에 의하여 공간이 휘어지지도 않는데 휘어진다고 믿고 이를 바탕으로 만든 아인슈타인 방정식을 이용하여 휘어진 각을 계산했는데 우연의 일치인지 계산할 때의 꼭짓점과 실제 관측자의 꼭짓점이 같았기 때문이다. 다시 말해서 일반 상대성 이론은 중력에 의한 효과를 실제로 공간이 휘어졌다고 생각하고 '가상적인' 식을 만들어 사용했다는 것이다.

이 책에서 다루는 쟁점들처럼 살아가면서 어떤 문제를 해결해야 하는 경우나, 어떤 현상을 설명해야 하는 경우가 생긴다. 그런데 이런 문제나 현상을 보는 관점이나 기준점에 따라 도출되는 답은 상당히 달라진다. 기준점이 얼마나 중요한지를 깨우쳐주는 다음 사례들을 살펴보자.

오륙도가, 오륙도가 아니라니?

여름 방학 때 저자는 가족과 함께 열차를 타고 부산 해운대로 피서를 갔다. 부산역에 내린 우리는 해운대로 가기 전 오륙도를 먼저 보러 가기로 합의를 보았다. 우리는 캐리어를 끌고 방향을 잡은 후 27번 시내버스에 올라탔다. 버스엔 제법 많은 사람들이 타고 있었다. 사오십 분쯤 달리자 버스는 드디어 오륙도 SK뷰 후문에 도착하였고 우리는 기대 반 설렘 반으로 버스에서 내렸다. 그런데 오륙도가 있는 방향으로 얼굴을 돌리니 달랑 2개의 섬만 보였다.

우리 가족들 사이에 불꽃 튀는 논쟁이 일어났다. '앞에 보이는 섬들은 오륙도가 아니다, 오륙도가 맞다' 하면서. 논쟁이 일어날 만도 했다. 보이는 섬은 두 개뿐이니 오륙도라 할 수도 없고, 오륙도에 왔는데 두 섬 외에 다른 섬들은 보이지 않으니까. 사실 '오륙도'라는 말은 동쪽에서 보면 여섯 봉우리가 되고 서쪽에서 보면 다섯 봉우리가 된다는 데서 유래하였다고 한다.

불어오는 시원한 바람, 힘찬 파도 소리, 아름다운 경치에 흠뻑 빠진 우리 가족은 구경을 마치고 많은 사람들과 함께 버스에 올라타 해운대로 갔다. 해운대 모래사장에 들어서자 확 트인 바다가 펼쳐졌다. 시원한 바다를 바라보다 오른쪽 방향으로 고개를 돌리는 순간 저 멀리에서 섬들이 보였다. 섬들의 수는 5, 6개 정도로 뚜렷하게 보였다. 우리는 우리가 오륙도에서 본 '그것'이 오륙도라는 것을 알았다.

오륙도 SK뷰 후문 정류장은 오륙도를 기준으로 거의 북쪽 방향에 위치한다. 이 위치에서는 6개의 섬들이 거의 일직선상에 놓여 있다. 크기가 작은 섬은 큰 섬의 앞쪽에 위치하기 때문에 오륙도가 2개의 섬으로만 보였던 것이다. 해운대 해수욕장은 오륙도를 기준으로 북동쪽에 위치한다.

이처럼 어떤 위치에서, 어느 방향에서 바라보느냐에 따라 엄청난 차이가 있다는 것을 알 수 있다. 또 다른 비유를 들어 보자.

연구원과 직속상관, 모두 틀리지 않았다!

KTX 고속열차에서 근무하던 선배 승무원 A(《우주에서 시간이 사라지다》에서 등장하는 인물)는 KTX가 아무리 빨리 달려도 젊어지지 않는다는 사실을 알고 무척 실망했다. 한때 특수 상대성 이론을 신봉했는데《우주에서 시간이 사라지다》를 통해 이제는 '고속으로 달릴 때 정지해 있는 사람보다 시간이 더 천천히 흐른다'라는 시간 지연 효과는 일어나지 않는다는 것을 알았기 때문이다. 그래서 승무원 A는 생각을 바꿔 가능하면 미소를 많이 짓기로 했다. 그렇지만 여전히 마음은 편치가 않았다. 아마 기대가 컸던 만큼 실망도 컸던 모양이었다. 결국 승무원 A는 승무원 일을 그만 두고 로켓 개발 사업 분야로 자리를 옮겼다.

연구원이 된 A는 로켓이 하늘을 향해 후련하게 치솟는 모습을 보고 좋아했다. 마음도 한층 가벼워졌다. 드디어 또 다른 로켓 발사 날이 다가왔다. 그런데 발사 1시간 전쯤 무전기로 연구원 A의 직속상관인 팀장으로부터 연락이 왔다. 로켓이 발사되어 호 형태의 궤적을 그리며 올라갈 때 1단계가 분리되는 순간, 지상과 로켓 사이의 각을 계산하여 신속히 알려달라는 것이었다. 연구원과 로켓 발사대의 거리는 $r = 3$km였다. 망원경으로 발사 상황을 유심히 살피던 연구원은 로켓이 지상에서 호의 형태로 $s = \pi$km($\pi \approx 3.14$) 정도 올라갔을 때 1단계 추진 로켓이 분리되는 것을 목격했다. 그래서 지상과 로켓 사이의 각을 계산해보니 $60°$($\theta = s/r = \pi/3 = 60°$)가 나와 이 결과와 1단계가 분리된 호의 길이 s를 바로 팀장에게 알려주었다(그림 1).

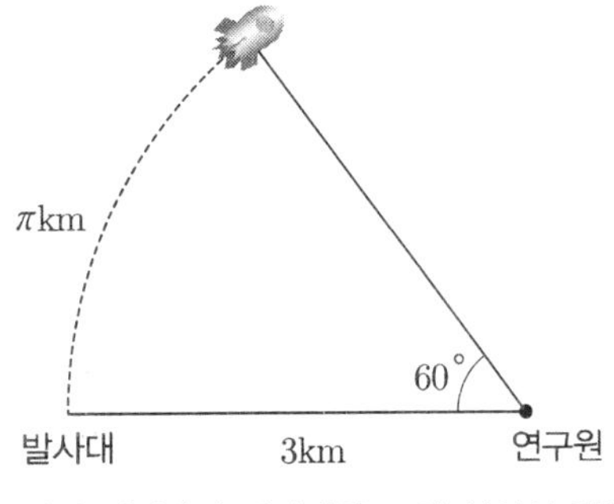

그림 1 연구원의 관점에서 발사대와 로켓 사이의 각은 $60°$이다.

보고를 받은 팀장은 이내 장독 깨지는 듯한 소리를 질러댔다. “무슨 소리야, 내가 계산해보니 30°가 나오는데!” 연구원은 어리둥절해 하며 다시 계산을 해 보았다. 하지만 아무런 오류가 없었다. 팀장 역시 다시 계산해 보았지만 틀리지 않았다고 했다. 어떻게 이런 일이 일어났을까?

이상한 일이 아니다. 두 사람 모두 틀리지 않았다. 왜냐하면 팀장은 로켓 발사대로부터 6km 떨어진 장소에 있었기 때문이다(그림 2).

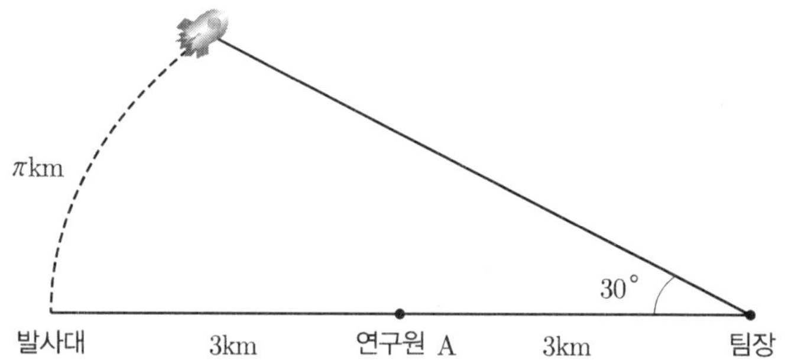

그림 2 팀장의 관점에서 발사대와 로켓 사이의 각은 30°이다.

연구원 A의 관점에서는 지상과 로켓 사이의 각은 60°이지만 연구원 A 보다 두 배 더 떨어져 있는 팀장의 관점에서는 반으로 줄어든 30°이기 때문이다($\pi/6 = 30°$). 이렇게 각을 측정할 때는 누구의 관점이냐가, 각의 꼭짓점이 어디이냐가 매우 중요하다는 것을 알 수 있다. 너무나 당연하고 기본적인 것이지만 가끔 이런 점을 간과하는 경우도 있다.

독자도 감을 잡았으리라 생각한다. 태양의 중력에 의하여 휘어지는 빛의 각에 대하여 뉴턴 역학으로 계산한 값이 실제로 관측한 값의 반만 나오는 이유가 바로 여기에 있다는 것이다!

독자는 오래전 수학 시간에 배운 내용이 생각날 것이다. 반지름이 r인 원의 중심 O에 있는 사람에게 호의 길이 s에 대한 각이 60°이면, O에 비해 두 배 더 먼 곳인 A 지점에 있는 사람에게는 같은 호의 길이 s에 대한 각이 30°로 측정된다는 사실을.

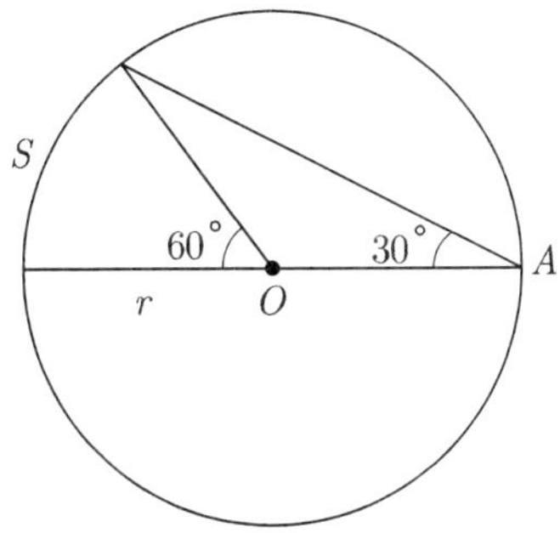

움직이는 물체의 궤도가 호의 형태가 아니라 선분이면 두 배 더 멀리 있다고 해서 각이 반으로 나오는 것은 아니다. 하지만 선분의 길이가 짧아 측정하는 각이 매우 작을 때는 두 배 멀리 있으면 각은 반 정도 나온다. 예를 들어 별빛이 태양의 중력에 의하여 휠 때 주어지는 '각초'처럼 단위가 아주 작다면 이 각에 해당되는 선분의 길이나 호의 길이는 구분이 잘 되지 않아 두 배 멀리 있으면 각은 거의 반으로 주어진다. 수치를 이용하여 확인해 보자.

그림 3과 같이 수직 선분의 길이 s에 대하여 점 P에서의 각을 θ로, 가운데 점 Q에서의 각을 α로 두자. 점 P에서 선분의 아래 끝점까지의 거리는 1km, 점 Q에서 선분의 아래 끝점까지의 거리는 0.5km이다.

표 1은 선분의 길이 s의 값이 작으면 α는 거의 $2\theta(\alpha \approx 2\theta)$가 된다는 것을 보여준다.

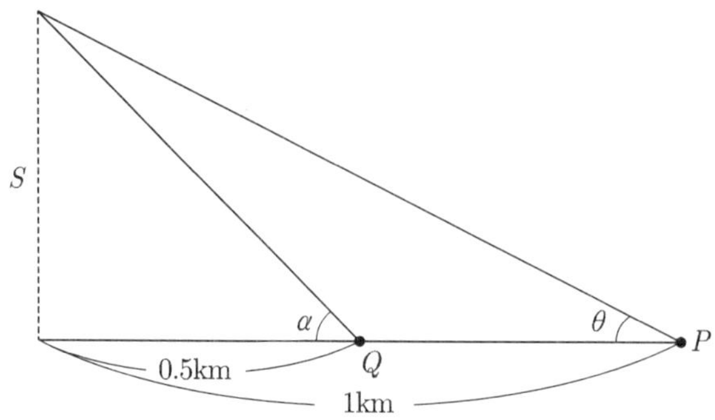

그림 3 수직 선분의 길이 s가 작을수록 α는 θ의 두 배에 가깝다. 또는 θ는 α의 절반에 가깝다.

표 1 s의 값에 따른 θ와 α의 값

s(km)	θ(도)*	α(도)**
0.5	26.56505	45
0.1	5.71059	11.30993
0.01	0.57294	1.14576
0.001	0.05730	0.11459
0.0001	0.00573	0.01146
0.00001	0.000573	0.001146

* $\theta = \tan^{-1}(s/1)$ ** $\alpha = \tan^{-1}(s/0.5)$

예를 들어 $s = 0.5$일 때는 α는 2θ에 비해 작다. 하지만 선분의 길이 s의 값이 점차 작아져 $s = 0.0001$만 되더라도 $\alpha = 0.01146$은 $\theta = 0.00573$에 비해 거의 두 배가 된다. 또는 $\theta = 0.00573$은 $\alpha = 0.01146$에 비해 거의 반이 된다.

천체와 관련된 단위

이 책에서 사용하는 천체의 질량, 반지름 등의 값과 단위는 다음과 같다.

지구의 질량 ________________ $M = 5.974 \times 10^{24}$ kg

지구의 반지름 ______________ $R = 6.378 \times 10^{6}$ m

태양의 질량 ________________ $M = 1.989 \times 10^{30}$ kg

태양의 반지름 ______________ $R = 6.957 \times 10^{8}$ m

수성의 질량 ________________ $m = 3.285 \times 10^{23}$ kg

수성의 타원궤도의 긴반지름 ___ $a = 5.791 \times 10^{10}$ m

수성의 이심률 ______________ $e = 0.206$

수성의 공전 주기 ____________ $T = 87.97$일

빛의 속도 __________________ $c = 3.0 \times 10^{8}$ m/s

(정확하게 299,792,458 m/s임)

중력 또는 만유인력상수 _______ $G = 6.674 \times 10^{-11} \dfrac{N\text{m}^2}{\text{kg}^2}$

$1N = 1 \dfrac{\text{kg} \times \text{m}}{s^2}$

1부

일반 상대성 이론은 어떻게 시작되었나?

1905년은 아인슈타인에게 기적의 해로 알려져 있다. 광전효과, 분자의 크기, 브라운 운동, 특수 상대성 이론, 그리고 질량-에너지 등가 원리 ($E=mc^2$)에 관한 다섯 편의 논문을 발표하였다. 광전효과에 관한 논문은 그에게 영예로운 노벨상을 안겨주었으며 1905년에 발표한 특수 상대성 이론과 1915년에 발표한 일반 상대성 이론은 국제적인 명성을 얻게 했다.

특수 상대성 이론은 '한 관성계 안에서 운동하는 빛을 다른 관성계에서 관측함으로써 이루어진 것'이다. **관성계**란 정지해 있거나 일정한 속도로 움직이는, 즉 등속 직선 운동을 하는 물체나 장소를 의미한다. 그래서 특수 상대성 이론은 가속이나 중력하고는 관련이 없다.

특수 상대성 이론의 핵심은 크게 두 가지이다. 하나는 더 빨리 움직일수록 시간은 더 천천히 흐른다는 '시간 지연 현상' 또는 '시간 지연 효과'이고 다른 하나는 질량은 에너지로, 에너지는 질량으로 변환 가능하다는 '질량-에너지 등가 원리'이다. 앞에서도 언급하였지만 질량-에너지 등가 원리는 의심의 여지가 없으나 시간 지연 효과는 일어나지 않는다.

하지만 우리는 일정한 속도로만 움직이며 사는 것이 아니다. 가속을 할 때가 더 많다. 자동차로 고속도로를 신나게 달리기 위해서는 가속을 해야 한다. 지구 대기권을 탈출하여 지구 밖으로 나가기 위해서도 가속은 불가피하다. 그리고 우리는 항상 중력을 받으며 살아가고 있다. 천체의 운동도 중력에 의해서 돌아가며 우주도 중력에 의해서 지배된다.

아인슈타인의 상대성 이론이 등장하기 전에 천체의 운동은 뉴턴의 운동 법칙과 만유인력 법칙으로 설명이 되었다. 하지만 뉴턴의 운동 법칙과 중력으로 설명할 수 없는 현상도 있었다. 수성의 근일점 이동이다. **수성의 근일점**이란 수성이 태양을 중심으로 타원 궤도를 따라 공전할 때 태양에 가장 가까워지는 위치를 말한다. 수성이 태양을 한 번 회전하면 근일점이 이전의 근일점에 비해 조금 더 앞쪽으로 이동하는데(이를 **수성의 세차운**

동이라고 함) 이 이동을 실제로 관측해 보니 뉴턴의 운동 법칙과 만유인력 법칙을 이용하여 계산한 값과 달랐던 것이다.

그래서 아인슈타인은 가속과 중력을 특수 상대성 이론에 포함시키고 이 확장된 이론으로 수성의 근일점 이동 문제를 해결하고 싶었다. 다시 말해 '가속도계 안에서 또는 중력장 안에서 빛이 운동할 때 나오는 결과'에 대해서 궁금해한 것이다. 이렇게 완성한 것이 바로 **일반 상대성 이론**이다.

일반 상대성 이론을 생각하게 된 또 다른 동기는 다음과 같다. 특수 상대성 이론에서 빛의 속도(초속 300,000 km이며 관례적으로 문자 c로 나타냄)는 우주에서 최대 한계 속도이다. 어느 것도 빛의 속도를 넘어설 수 없다. 그런데 뉴턴 역학에서 중력은 아무리 먼 곳이라도 순간적으로 전달된다고 한다. 만약 태양이 사라지면 사라진 태양의 중력을 지구에서 즉시 느낀다는 것이다. 태양에서 지구까지 빛이 이동하는 데에 8분 정도가 걸리는데 중력이 빛보다 더 빨리 움직인다는 뜻이다. 아인슈타인은 뉴턴의 중력 이론에는 무언가 잘못이 있고 특수 상대성 이론에 부합하는 새로운 중력 이론이 필요하다고 보았다. 그래서 10년의 노력 끝에 1915년 일반 상대성 이론을 발표하였다.

일반 상대성 이론의 핵심은 다음과 같이 요약할 수 있다.

1. 중력에 의하여 빛이 휘어진다.
2. 중력에 의하여 시간이 천천히 흐른다.
3. 질량이 공간을 휘게 하고 공간의 휘어짐이 중력을 일으킨다.
   (빛의 경로가 휘어지는 것은 질량에 의하여 공간이 휘어져 있기 때문이다.)

아인슈타인은 어떻게 중력에 의하여 빛이 휠 수 있다는 발상을 하게 되었을까? 그것은 소위 가속도와 중력은 구별할 수 없다는 **등가 원리**에 의해서였다. 일반 상대성 이론의 토대가 되는 이 원리를 살펴보자.

등가 원리

자농자나 버스를 타고 가속을 하는 경우, 우리의 몸은 가속하는 반대방향으로 쏠리거나 잡아당겨진다는 느낌이 든다. 이런 힘을 '관성력'이라고 한다.

관성력이란 '가속하고 있는 곳에서 보았을 때만 나타나는 힘'이라고 할 수 있다. 예를 들어보자. 버스에 '별뚱이'라는 어린이 승객이 앞을 보며 서 있다. 버스가 출발하기 위하여 가속하는 순간 서 있는 별뚱이의 몸은 뒤로 쏠린다. 이 상황을 버스 바깥에 서 있는 관측자의 관점에서 보면 버스는 앞으로 움직이지만 별뚱이는 움직이지 않고 서 있다. 반면에 버스 안에 앉아 있는 다른 승객의 관점에서는 버스는 가만히 있고 서 있는 별뚱이가 갑자기 뒤로 움직인다.

이렇게 가만히 서 있는 별뚱이를 뒤로 움직이게 하는, 뒤로 잡아당기는 힘을 **관성력**이라고 한다. 이 힘은 실제로 존재하시는 않는 가상적인 힘이다. 외부에 정지해 있는 관측자에게는 이런 힘이 보이지 않기 때문이다.

또 다른 경우는 갑자기 상승하거나 하강할 때이다. 잠실 롯데월드에 있는 놀이기구 자이로드롭을 예로 들어 보자. 자이로드롭이 상승하면 중력을 받는 우리의 몸은 더욱 무거워지고, 급강하하면 중력이 사라져 '으악' 소리가 터져 나옴과 동시에 몸이 공중에 붕 뜨는 느낌이 든다. 위로 가속하면 반대 방향인 아래로 관성력이 생기고, 아래로 가속하면 위로 관성력

© 김경희

이 나타나는 것이다.

뉴턴은 관성력을 '겉보기 힘'일 뿐이라고 생각했다. 실제로 존재하는 힘이 아니라는 것이다. 반면에 아인슈타인은 '관성력과 중력은 같다'고 생각했다. 우주선이 똑바로 위로 가속하면 아래쪽으로 관성력이 나타나는데 우주선 안에 있는 사람은 아래쪽으로 끌어당기는 힘이 관성력인지 지구의 중력인지 판단이 안 된다는 것이다. 이를 아인슈타인은 **등가 원리**라 불렀다. 그는 1907년에 이 원리를 깨달았다. '관성력과 중력은 같다', 즉 '가속도와 중력은 같다'는 이 원리는 일반 상대성 이론의 기반이 되었다.

중력에 의한 빛의 휨

1911년 아인슈타인은 빛이 중력의 영향을 받는 중력장 아래서 직진하지 않고 휘어져야 한다는 생각에 도달하였다. 이것이 바로 일반 상대성 이론의 첫 번째 결과이다. 빛이 중력에 의해서 휜다는 현상은 이제 우리 모두 받아들이고 있다. 애초에 아인슈타인이 어떻게 이런 획기적인 발상을 하게 되었는지 구체적으로 살펴보자.

한 상자가 지구를 향해 낙하하고 있다. 즉 아래로 가속하고 있다. 이 상자의 관성력은 반대로 위로 향하고 있다. 앞에서 언급한 등가 원리에 의하여 관성력과 중력은 같다. 따라서 위로 향하는 힘은 지구의 중력이라고 할 수 있다. 그래서 위로 향하는 중력(즉, 관성력)과 아래로 향하는 지구의 중력은 서로 상쇄되어 상자 안에는 중력이 사라진다.

지구로 낙하하는 상자 안에 중력이 사라진다는 것은 상자 안은 중력의 영향을 받지 않는 관성계와 같다고 할 수 있다. 관성계란 앞에서도 언급하였지만 정지하고 있거나 등속 직선 운동을 하는 물체나 장소이다. 그래서 자유낙하 하는 상자 안에서 사과와 같은 어떤 물체를 밀면 상자 안에 있는 관측자의 눈에는 사과가 똑바로 나아간다.

자유낙하 하는 상자 안에서 빛을 발사해도 빛은 똑바로 나아간다. 그런데 낙하하는 상자 인에서 보면 빛은 똑바로 나아가지만 상자 밖인 지상에서 보면 빛의 위치가 점점 아래로 바뀐다. 상자가 아래로 조금 떨어지면 빛은 상자 안에서 직진하고 있지만 지상에서 보면 빛의 위치가 조금 아래에 있는 것으로 보이고, 상자가 아래로 조금 더 떨어지면 빛은 역시 상자 안에서 직진하고 있지만 지상에서 보면 빛의 위치가 아래로 조금 더 내려와 있는 것으로 보이기 때문이다. 그래서 지상에 있는 사람이 보면 빛은 포물선을 그리며 아래로 떨어진다. 자유낙하는 중력에 의한 것이기 때문에 결국 그는

"중력은 빛을 휘게 한다!"

라는 결론을 얻었다.

아인슈타인은 왜 질량이 공간을 휘게 한다고 생각했을까?

아인슈타인은 더 나아가 질량이 공간을 휘게 한다고 생각했다. 무엇 때문에 이런 착상을 하게 되었을까? 이에 대한 요지는 다음과 같다. 지구를 향해 자유낙하 하고 있는 한 상자 안에 두 개의 사과가 들어 있다. 앞에서 다루었지만 상자 안은 무중력 상태가 된다. 낙하하고 있는 각 사과의 입장에서 보면 '자신에게 작용하는 중력의 영향'은 사라진다. 서로에게 어떠한 힘도 작용하지 않는 것이다. 그래서 아인슈타인은 두 사과는 아래의 그림과 같이 일정한 거리를 유지하고 떨어져야 한다고 생각했다.

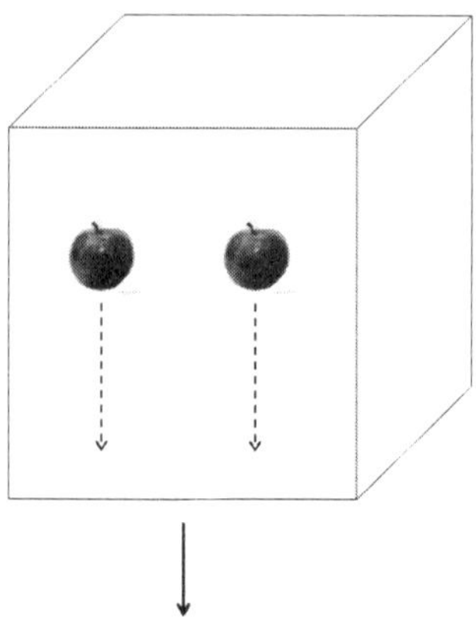

하지만 실제로 낙하할 때 두 사과의 사이가 조금씩 줄어든다. 아인슈타인은 자신에게 반문했다. '서로에게 아무런 힘도 작용하지 않는데 어떻게 이런 일이 일어날까' 하고. 그는 결코 힘의 작용 때문이라고는 생각하지 않았다. 상자 안은 관성계이고 중력의 힘은 없다고 했기 때문이다. 결국 힘도 없는데 두 개의 사과가 서로를 향해 접근한 것은 지구의 질량이 공간을 휘게 하기 때문이라고 판단했다. 질량에 의하여 휘어진 공간을 따라 나아갔기 때문에 두 사과가 조금씩 접근했다는 것이다.

지구나 태양과 같은 물질은 시공간을 구부러뜨리고 휘게 한다는 것. 이것이 아인슈타인에 의한 일반 상대성 이론의 핵심이다. 지구가 태양을 도는 것은 태양과 지구 사이의 만유인력이라는 힘 때문이 아니라 태양의 질량에 의하여 태양의 주위가 휘어져 있어 지구가 그 휘어진 최단 경로를 따라 움직이기 때문이라는 것이다. 달이 지구를 도는 것도 마찬가지이다.

그런데 자유낙하 하는 두 개의 사과를 이용하여 '질량이 공간을 휘게 한다'는 것을 설명하는 과정을 주의 깊게 분석해보면 한 가지 간과한 점이 있다는 것을 알 수 있다.

'질량이 공간을 휘게 한다'는 발상의 허점

위에서 다룬 과정은 두 개의 사과가 어떻게 낙하를 시작했는지는 생략하고 이미 낙하하고 있는 상황만을 그렸다. 한 번 더 되풀이하면 낙하할 때 두 사과는 무중력 상태이기 때문에 서로에 대한 힘의 영향이 없고 따라서 두 사과는 평행상태를 유지하며 아래로 떨어져야 한다. 그런데 **상자가 자유낙하를 하고 있다는 것은 물리적으로 둘 중 하나가 일어나야 한다. 공간이 이미 휘어져 있었든지 아니면 상자가 중력의 영향을 받았든지.**

만약 공간이 이미 휘어져 있었다면 모순이 발생한다. '질량에 의하여 공간이 휜다는 것'을 설명해야 하는데 휘어져 있는 공간에 의하여 상자가 자유낙하 하고 있기 때문이다. 이 논리는 공간이 휜다는 것을 보여주기 위하여 '공간이 휘어져 있다'를 가정하는 꼴이 된다.

풀어서 표현하면, 공간이 휘어져 있기 때문에 상자가 낙하하고, 자유낙하 하는 상자 내부는 무중력 상태라 상자에 들어 있는 두 사과는 일정한 거리를 유지하며 떨어져야 하는데, 서로에게 조금씩 다가가니 질량에 의하여 공간이 휘어져 있다는 논리이다.

그러므로 상자가 지구를 향해 자유낙하 하고 있다는 것은 상자가 중력을 받았다고 할 수 있다. 다만 이 경우, 두 사과를 상자의 바닥에 두고 이런 실험을 구상하지는 않았을 것이다.

상자의 자유낙하가 중력에 의해서라면 두 개의 사과가 낙하하기 전, 박스 안에 누군가가 양손에 사과 하나씩을 들고 있었을 것이다. 그리고 박스가 낙하하는 순간에 두 손을 폈을 것이며 두 손을 펴는 순간 낙하가 시작되었을 것이다. 중요한 것은 각각의 사과는 손에 잡혀 있을 때부터 어느 방향으로 떨어져야 하는지가 이미 정해져 있었다는 것이다. 그것은 바로 지구의 중심 방향이다. 지구의 모든 질량이 지구의 중심에 놓여 있다고 보기 때문이다. 그래서 낙하할 때 두 사과의 간격이 조금씩 좁혀졌다.

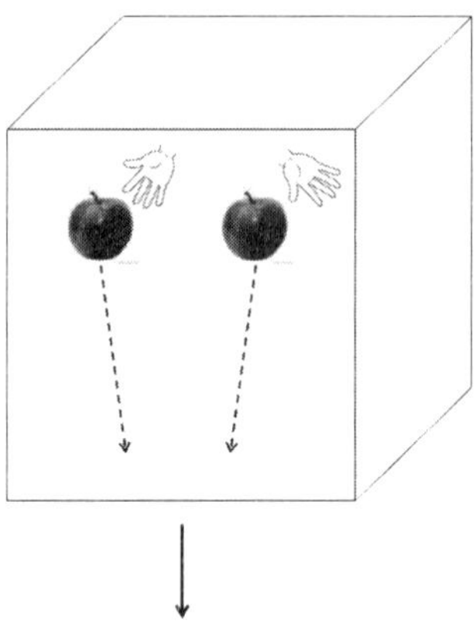

아인슈타인은 이 논리를 설명할 때 '누군가가 이미 중력을 받고 있는 두 사과를 손에 들고 있었다'는 점은 간과하고 자유낙하 하고 있는 두 사과에만 초점을 맞추었다고 본다. 그래서 자유낙하 하고 있는 두 사과에는 아무런 힘이 작용하지 않기 때문에 일정한 거리를 유지하고 떨어져야 하는데 두 사과의 간격이 줄어들기 때문에 공간이 휘어져 있다고 잘못 생각한 것이라고 판단된다.

핵심 1

일반 상대성 이론의 첫 번째 결과인 '중력에 의하여 빛이 휜다'는 의심의 여지가 없다. 하지만 자유낙하 하는 두 사과를 이용하여 '질량이 공간을 휘게 한다'를 설명하는 논리는 비합리적이거나 허점이 있다는 것을 알 수 있다.

박스 같은 물체가 자유낙하를 한다고 하면 둘 중 하나이다. 질량에 의하여 공간이 이미 휘어져 있거나 질량에 의한 중력을 받았거나. 질량에 의하여 공간이 휜다는 것을 설명하기 위하여 '질량에 의하여 공간이 휘어져 있다'고 가정을 할 수는 없다(공간이 휘어져 있어서 박스가 자유낙하 하는 경우). 그렇다면 자유낙하는 중력에 의한 것이라고 보아야 한다. 그래서 두 사과가 낙하할 때 거리가 줄어든 것은 낙하하는 순간 지구의 중력에 영향을 받았고 이 중력의 방향은 지구의 중심이기 때문이다.

결론적으로 '질량에 의하여 공간이 휜다'를 설명하기 위하여 이용한 '자유낙하 하는 박스(두 사과)'는 적합하지 않다고 할 수 있다.

2부

뉴턴 역학이란?

사람들은 15세기까지만 하더라도 고대 그리스 철학자 아리스토텔레스와 2세기에 활동한 프톨레마이오스가 주창한 천동설(태양을 포함한 다른 모든 천체는 지구를 중심으로 회전함)을 믿었다. 하지만 프톨레마이오스의 천동설은 화성과 목성 등의 천체들이 역행하는 것처럼 보이는 운동(지구의 공전 속도가 이들보다 빠르기 때문에 일어나는 현상)을 설명하기 위하여 '주전원'(화성과 목성은 주전원이라는 원을 돌고 이 원의 중심은 지구를 돎)이라는 개념을 도입함으로써 상당히 복잡했다.

16세기 초에 신부로서 천문학을 연구한 코페르니쿠스는 우주는 천동설처럼 복잡하지 않고 단순할 것이라고 생각했다. 신이 우주를 창조했다면 복잡하게 만들지 않았을 것이라고 판단했다. 코페르니쿠스는 지구가 태양을 돈다고 가정을 해보니 화성과 목성 등 천체들의 역행운동을 쉽게 설명할 수 있었다. 이로써 지동설이 탄생하였다. 다만 그는 지구와 같은 행성은 태양을 중심으로 원운동을 한다고 생각했다.

행성의 운동이 원이 아니라 타원이라는 것을 밝힌 사람은 17세기 초에 활동한 천문학자 케플러였다. 케플러는 티코 브라헤가 평생 동안 천체를 관측하면서 축적한 자료들을 분석하여 행성의 공전에 대한 '행성 운동 법칙'을 발표하였다.

케플러의 행성 운동 법칙

1. 타원 궤도의 법칙: 행성은 태양을 한 초점으로 하는 타원궤도를 그리면서 공전한다.
2. 면적 속도 일정의 법칙: 행성과 태양을 연결하는 가상적인 선분이 같은 시간 동안 그리는 면적은 항상 같다.
3. 조화의 법칙: 행성의 공전주기의 제곱은 타원궤도의 긴반지름의 세제곱에 비례한다.

하지만 케플러는 무엇이 행성 운동을 가능하게 하는지는 밝혀내지 못했다. 이를 명확하게 밝혀낸 사람은 17세기의 수학자이며 천문학자인 뉴턴이었다.

물체와 천체의 운동을 다루는 뉴턴 역학

뉴턴은 물체가 힘에 의하여 어떻게 움직이고 어떻게 힘을 받는지를 연구하고 이들을 정리하여 '뉴턴의 운동 법칙'으로 발표했다. 그리고 천체의 운동은 두 물체의 질량에 비례하고 거리의 제곱에 반비례하는 힘에 의하여 일어난다는 '만유인력 법칙'을 발표했다. 달이 지구를 돌고 행성들이 태양을 공전하는 것은 이 힘 때문이라는 것이다. 뉴턴은 1705년에 과학자로서는 처음으로 앤 여왕으로부터 기사 작위를 받았다. 세상을 떠났을 때 그는 역대 왕들, 헨델과 같은 음악가, 셰익스피어 같은 문학가 등의 위인들만이 묻힐 수 있는 웨스트민스트 대사원에 안장되었다.

뉴턴은 자신이 발견한 운동 법칙을 프린키피아 제1권에 기술했다.

뉴턴의 운동 법칙

1. 뉴턴의 운동 제1법칙(관성의 법칙): 물체는 외부 힘이 작용하지 않는 한 일정한 속도로 움직인다.
2. 뉴턴의 운동 제2법칙(가속도의 법칙): 물체의 운동량의 시간에 따른 변화율은 그 물체에 작용하는 알짜 힘과 같다.
3. 뉴턴의 운동 제3법칙(작용과 반작용의 법칙): 물체 A가 다른 물체 B에 힘을 가하면 물체 B는 물체 A에 크기는 같고 방향은 반대인 힘을 동시에 가한다.

뉴턴의 운동 제2법칙을 수식으로 나타내면 다음과 같다.[1)]

$$F = ma$$

물체의 운동을 그리거나 예측하는 이 운동 법칙은 뉴턴 역학의 중심이 된다. '질량이 m인 물체가 F의 힘을 받으면 a라는 가속도가 나온다'는 뜻이다. 또는 질량이 m인 물체를 a만큼 가속시키기 위해서는 F만큼의 힘이 필요하다고 할 수 있다.

뉴턴의 **만유인력 법칙**은 다음과 같이 표현된다. (케임브리지 대학교 재학시절, 런던에 전염병인 페스트가 창궐하자 그는 고향인 울즈소프에 내려가 1년 동안 지냈다. 어느 날 사과나무에서 사과가 떨어지는 것을 보고 만유인력 법칙을 생각했다는 일화는 유명하다.)

$$F = G\frac{Mm}{r^2}$$

여기서 F는 질량이 M인 물체와 질량이 m인 물체 사이에 당겨지는 힘이다. G는 **만유인력상수** 또는 **중력상수**라 부른다. r은 질량이 M인 물체의 중심점과 질량이 m인 물체의 중심점 사이의 거리이다. 이 법칙은 두 물체 사이에 작용하는 힘은 두 질량의 곱에 비례하며, 두 물체 사이의 거리의 제곱에 반비례한다는 것을 의미한다. 질량이 클수록 작용하는 힘은 강해지고 거리가 멀수록 약해지는데 거리가 두 배 멀면 힘은 네 배로 줄어들고 거리가 세 배 멀면 힘은 아홉 배로 약해진다는 것이다.

힘이 거리의 제곱에 반비례하는 이유는 무엇일까? 많은 책들이 다음과 같이 설명하고 있다. 지구의 질량에 의하여 중력이 작용한다는 것은 지구의 중심에서 무수히 많은 역선이 나온다고 할 수 있다.

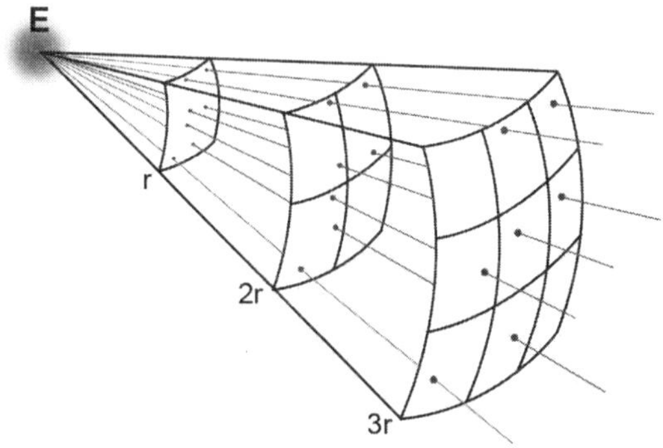

지구에서 거리 r에 있는 사각곡면과 거리 $2r$에 있는 사각곡면을 통과하는 역선은 똑같다. 그런데 지구와 이 사각곡면들이 이루는 사각뿔들은 닮은꼴이기 때문에 거리 $2r$에 있는 사각곡면의 한 변의 길이는 거리 r에 있는 사각곡면의 한 변의 길이에 비해 두 배가 되어 거리 $2r$에 있는 사각곡면의 넓이는 거리 r에 있는 사각곡면의 넓이의 4배가 된다. 그래서 거리 $2r$에 있는 사각곡면에 대한 역선의 밀도는 거리 r에 있는 사각곡면의 4분의 1이 된다. 즉, 만유인력은 거리의 제곱에 반비례한다는 것이다.

만유인력 법칙은 무엇을 의미하는가? 질량 또는 물질에 의하여 힘이 나오고, 그 힘 때문에 행성이 돌고 천체의 운동이 일어난다는 것을 의미한다. 즉 천체의 운동은 물질에 의하여 유발되었다고 할 수 있다. 뉴턴 역학은 뉴턴의 운동 법칙과 만유인력 법칙을 이용하여 물체에 작용하는 힘과 운동의 관계를 설명한다. 그러므로 뉴턴 역학은 우주의 모든 것은 힘에 의하여 돌아간다는 것을 우리에게 말해 주고 있다.

뉴턴 역학으로 계산할 수 있는 사례들

물리학은 고전물리학과 현대물리학으로 나누어진다. 고전물리학은 태양계, 우주 등 규모가 큰 거시 세계를 다룬다. 고전물리학의 핵심은 19세기 말까지 발견된 뉴턴 역학과 맥스웰에 의한 전자기학이다. 현대물리학은 20세기 초에 등장한 거시 세계를 다루는 아인슈타인의 상대성 이론과 원자, 아원자 등 미시 세계를 다루는 양자론을 주축으로 하고 있다.

물리학에서 '역학'이란 물체의 운동에 관한 법칙을 연구하는 학문의 한 분과이다. 따라서 뉴턴에 의해 정립된 역학을 '뉴턴 역학' 또는 '고전 역학'이라고 한다. 뉴턴 역학에 의해서 다룰 수 있는, 이미 밝혀진 몇 가지 대표적인 예들을 살펴보자.

중력가속도

손에 쥐었던 물체를 아래로 떨어뜨렸을 때나 수송기에 탑승한 특공대원이 높은 하늘에서 뛰어내렸을 때, 물체나 특공대원은 어떤 가속도로 땅으로 떨어질까? 뉴턴 역학으로 지구 표면에서의 중력가속도를 구할 수 있다. 질량이 m인 물체가 지구 표면에 가까이 있다고 가정하자. M은 지구의 질량(지구의 질량은 지구의 중심에 모두 모여 있다고 간주함), G는 만유인력상수, r은 지구와 물체 사이의 거리라고 하자. 물체는 지구의 중력에 의하여 가속도 g로 떨어진다. 이 가속도로 떨어지게 하는 힘은 뉴턴의 운동 제2법칙 $F=ma$에서 a를 g로 대체한 $F=mg$가 된다. 한편 지구와 물체가 서로 당기는 힘은 만유인력에 의하여 $F=GMm/r^2$이다. 위의 두 힘은 같기 때문에 이 둘을 등식으로 놓고 양변에서 m을 제거하면

$$g=\frac{GM}{r^2} \tag{1}$$

이 주어진다. 물체가 지구 표면에 있으면 r 대신에 지구의 반지름인 R을 대입하고 계산하면

$$g = \frac{GM}{R^2} = \frac{(6.674 \times 10^{-11} \frac{Nm^2}{kg^2})(5.974 \times 10^{24} kg)}{(6.378 \times 10^6 m)^2} = 9.801 \frac{m}{s^2}$$

이 된다. 참고로 만유인력상수 G의 단위에 포함되는 N은 '뉴턴'이라 부르며 $1N = 1\frac{kg \times m}{s^2}$이다. 손으로 잡고 있던 물체를 놓거나 특공대원이 수송기에서 뛰어내리면 공기의 저항이 없다는 가정하에 물체나 특공대원은 지구가 당기는 힘에 의하여 $9.801\,m/s^2$의 가속도로 지면에 떨어진다는 것이다.

그런데 많은 사람들이 의아하게 생각하는 것이 있다. 별뚱이가 한 손으로 잡고 있는 클립 위에 막대자석을 위치시키고 클립을 놓으면 클립은 아래쪽 땅으로 떨어지지 않고 위쪽에 있는 막대자석에 가서 달라붙는다는 것을 알 수 있다. 이유는 자석에서 나오는 전자기력이 지구의 질량에서 나오는 중력보다 더 강하기 때문이다.

ⓒ 김경희

그렇지만 지구는 덩치가 큰 달도 멀리 도망을 못 가게 붙잡고 있는데 어떻게 작은 막대자석한테도 못 당하는 것인지 반문할 수 있다. 그렇다! 사실 지구는 덩치가 큰 달까지 붙잡아 둘 수 있는 힘을 가지고 있다. 다만 상대방의 질량이 작으면 만유인력 법칙 $F = GMm/r^2$에서 보듯이 두 물체 사이의 힘도 작아진다. 어떻게 보면 중력은 강한 자에게는 강한 힘을, 약한 자에게는 약한 힘을 발휘한다고 볼 수 있다. 지구가 아니라 지구보다도 질량이 약 33만 배 더 큰 태양 위에서도 막대자석은 클립을 낚아채간다. 마치 백두장사급 씨름선수가 기저귀를 찬 아기에게 당하는 꼴이라고 할 수 있다.

은하의 질량 추정

뉴턴의 만유인력 법칙 $F = GMm/r^2$을 이용하면 헤아리기 힘들 정도로 많은 별들로 이루어진 은하의 질량을 계산할 수 있다. 질량이 m인 항성이 은하의 중심으로부터 거리가 r인 곳에서 회전하고 있다고 하자. 이 항성은 은하의 질량 M(은하의 중심에 집중되어 있다고 가정함)에 의한 만유인력 때문에 안쪽으로 끌어당겨진다. 한편 이 항성은 회전을 하고 있기 때문에 바깥 방향으로 원심력 $F' = mv^2/r$을 받는다. v는 항성이 회전속도이다. 만유인력과 원심력은 균형을 이루기 때문에 $F = F'$이 성립한다. 즉 $GMm/r^2 = mv^2/r$이다. 정리하면 은하의 질량은

$$M = rv^2/G$$

으로 주어진다. 은하 주위를 도는 항성의 회전속도 v와 은하의 중심으로부터 항성이 얼마나 떨어져 있는지 그 거리 r을 알면 은하의 질량을 구할 수 있다는 뜻이다.

태양을 중심으로 회전하는 수성의 공전속도도 위의 식을 다음과 같이 나타내어 구할 수 있다.

$$v = \sqrt{\frac{GM}{r}}$$

이 식에 수성의 타원궤도의 긴반지름 $r=5.791\times10^{10}\mathrm{m}$, 태양의 질량 $M=1.989\times10^{30}kg$, 중력상수 G를 대입하고 정리하면 $v\approx48\,\mathrm{km}/s$가 나온다. 수성은 초속 48킬로미터로 태양을 회전한다는 것이다. 실제로 수성은 이 속도로 태양을 돌고 있다.

탈출속도

우주선이 지구의 중력을 벗어나기 위해서는 얼마나 빠른 속도로 달려야 할까? 뉴턴 역학으로 그 속도를 계산할 수 있다. 질량 M을 가진 지구로부터 반경 R에 있는 어떤 물체(질량은 m)가 지구의 중력으로부터 벗어나고자 할 때의 '탈출속도'는 물체의 움직임과 관련되는 '운동 에너지($K=\frac{1}{2}mv^2$)'와 물체의 위치와 관련되는 '중력 퍼텐셜 에너지($U=\frac{GmM}{R}$)'가 균형을 이룰 때라고 한다. 즉

$$\frac{1}{2}mv^2=\frac{GmM}{R}$$

이 성립할 때이다.

그렇다면 중력 퍼텐셜 에너지란 무엇일까? 먼저 '일(work)'의 정의부터 상기하자. 물체에 일정한 힘을 가했을 때 물체가 움직이는 경우, 힘에 의하여 이 물체는 '일을 하였다'고 한다. 그래서 힘 F에 의한 일 W는 다음과 같이 정의한다.

$$W=Fs$$

여기서 s는 물체가 힘이 주어진 방향으로 이동한 변위이다.

예를 들면, 독자가 힘들다며 꿈쩍도 않고 서 있는 친구를 $100N$의 힘으로 $10\,\mathrm{m}$를 끌고 가면 독자가 친구에게 한 일은 $W=(100N)(10\,\mathrm{m})=$

$1000J$이다. 힘의 단위는 뉴턴(N), 일의 단위는 에너지를 나타내는 것과 같은 줄(J)이다.

퍼텐셜 에너지란 주어진 기준점에서 다른 어떤 지점까지 물체를 등속으로 이동시키는 데에 필요한 일을 말한다. 그리고 **중력 퍼텐셜 에너지**란 중력의 영향을 받고 있는 장소인 중력장에서 한 일을 의미한다. 즉 '중력 퍼텐셜 에너지=중력장에서 한 일'이다.

이제 탈출 속도로 되돌아가자. 지구의 중력을 거슬러 물체를 기준점으로부터 높이가 $s=h$인 곳까지 일정한 속력으로 들어 올리는 동안 힘 $F=mg$가 한 일은 $W=Fs=mgh$이다. 따라서 기준점으로부터 높이가 h인 곳에서의 중력 퍼텐셜 에너지는 $U=mgh$가 된다. 기준점은 지구의 중심, $h=R$(R은 지구의 반지름)로 두고 $U=mgR$에 식 (1)의 중력가속도 $g=GM/R^2$을 대입하면 중력 퍼텐셜 에너지 $U=GmM/R$이 나온다.

앞의 운동에너지와 중력 퍼텐셜 에너지가 균형을 이루는 식을 정리하여 탈출속도를 구하면 다음과 같이 주어진다.

$$v=\sqrt{\frac{2GM}{R}}$$

만유인력상수 G, 지구의 질량 $M=5.974\times10^{24}\,\text{kg}$, 지표면에 해당하는 지구의 반지름 $R=6.378\times10^{6}\,\text{m}$을 대입하고 계산하면 지구의 중력을 벗어나는데 필요한 속도는 $v=11.18\,\text{km}/s$로 주어진다. 독자가 지구를 떠나 광활하고 신비스러운 우주로 여행을 하고 싶다면 초속 $11.18\,\text{km}$로 날아야 지구가 당기는 힘에서 자유로워지고 우주로 들어설 수 있다는 뜻이다.

에너지 및 운동량 보존법칙

뉴턴 역학은 또한 에너지는 형태를 바꿀 수는 있어도 생성되거나 사라

질 수는 없고 항상 일정하게 유지된다고 하는 **에너지 보존법칙**(열역학 제1법칙이라고도 불림)

$$\frac{1}{2}mv^2 + mgh = C$$

와 두 물체가 충돌할 때 두 물체의 운동량의 합은 일정하여 계의 총 운동량은 바뀌지 않는다고 하는 **운동량 보존법칙**

$$m_A v_A + m_B v_B = C$$

등을 유도할 수 있다. 이에 대한 유도 과정은 다른 책들을 참고하기 바란다.

케플러의 행성 운동 법칙, 질량에 의한 빛의 휨, 수성의 근일점 이동 등

뉴턴 역학을 이용하면 케플러의 행성 운동 법칙(특히 타원 궤도의 법칙인 제1법칙)을 유도할 수 있고, 앞으로 보겠지만 태양의 중력에 의하여 별빛이 어느 정도 휘는지를 알 수 있으며, 세차 운동에 의한 수성의 근일점이 어느 정도 이동하는지를 계산할 수 있다.

이렇게 뉴턴 역학은 많은 것들을 계산할 수 있다. 그리고 우주의 만물이 힘에 의하여 돌아간다는 것을 시사한다. 하지만 뉴턴 역학은 커다란 누명을 쓰고 있다. 중력에 의한 별빛의 휨이나 수성의 근일점 이동 값을 구할 수는 있어도 정확한 값을 산출하지 못한다는 것이다. 그래서 뉴턴 역학은 근사값을 계산하는 '근사 방법'으로 치부되고 있다. 과연 그럴까? 4부에서 그 오명을 벗겨보자.

핵심 2

뉴턴의 운동 제2법칙과 만유인력 법칙을 이용하면 물체나 천체의 운동을 묘사할 수 있다. 이를 뉴턴 역학이라 부른다. 뉴턴 역학을 이용하면 은하의 질량, 로켓이 지구를 탈출하기 위한 탈출속도, 중력에 의한 별빛의 휨, 수성의 근일점 이동 등을 계산할 수 있다.

다만 중력에 의한 별빛의 휨, 수성의 근일점 이동 값은 실제 관측한 값과 조금 달라서 뉴턴 역학은 정확도가 떨어지는 근사 방법으로 치부되고 있다. 하지만 이 책의 4부에서 그 진실이 밝혀진다.

뉴턴 역학은 힘에 의하여 모든 것이 돌아간다는 것을 우리에게 말해주고 있다.

3부

일반 상대성 이론의 핵심 개념들

일반 상대성 이론은 특수 상대성 이론과 어떻게 다를까? 일반 상대성 이론은 무엇을 강조하는 것일까? 3부에서는 일반 상대성 이론의 핵심 개념을 이해하고 일반 상대성 이론으로 빛이 질량에 의하여 얼마나 휘는지, 수성의 근일점 이동을 계산하기 위해서는 어떤 과정을 거쳐야 하는지를 대략적으로 살펴보고자 한다. 등장하는 수식도 많고 생소한 개념과 표현도 등장하여 특수 상대성 이론보다는 어렵게 느껴지겠지만 그렇다고 넘지 못할 산은 아니므로 두려움을 내려놓도록 하자. 3부를 읽고 나면 일반 상대성 이론에 대한 이해가 깊어지고 자신감이 생길 것이다.

1905년 아인슈타인은 〈운동 물체의 전기역학에 대하여〉라는 논문을 통하여 특수 상대성 이론을 발표하였다. 이 이론을 정립하기 위하여 두 개의 원리를 가정하였다. 첫 번째는 빛을 발산하는 광원의 움직임이나 빛의 속도를 측정하는 관측자의 움직임에 상관없이 빛의 속도는 항상 일정하다는 **광속도 불변의 원리**이다. 두 번째는 정지해 있는 장소이든 움직이고 있는 장소이든 빛을 포함하여 모든 물체의 물리법칙은 똑같다는, 다시 말해서 빛도 관성 운동을 하여 일반 물체와 같은 궤적을 그린다는 **특수 상대성 원리**이다.

특수 상대성 이론의 핵심은 2가지라고 할 수 있다. 첫 번째는 등속도로 움직이는 사람의 시간은 정지해 있는 사람의 시간보다 천천히 흐른다는 '시간 지연 효과'이다. 빠른 속도로 달릴수록 더 젊어진다는 것이다. 물론 이를 이용하여 움직이는 물체의 길이는 정지해 있는 물체의 길이보다 더 짧아진다는 '길이 수축 효과'도 설명한다. 여기서 중요한 것은 등속도로 움직이는 물체는 물체 자체가 가지는 성질이나 특성 때문이 아니라 오직 이 등속도에 의하여 시간이 천천히 흐르거나 길이가 줄어든다는 것이다. 예를 들면 빨리 노화가 진행되는 생물이든 천천히 노화가 진행되는 생물이든 각각 같은 등속도로 움직이게 하면 특수 상대성 이론에 의한 시간 지연 효과(천천히 흐른 시간의 양)는 두 경우 모두 똑같다는 것이다.

두 번째는 질량과 에너지는 서로 변환가능하다는 **질량-에너지 등가 원리**($E = mc^2$)이다. 질량, 즉 물질은 에너지이고 에너지는 물질이라는 것이다. 그래서 '물질-에너지 등가 원리'라고 할 수 있고, 우주의 공간은 에너지로 이루어져 있다는 표현을 쓸 수 있다. 참고로 질량-에너지 등가 원리는 광속도 불변의 원리만으로도 유도할 수 있다.

여기서 한 가지 짚고 넘어갈 것이 있다. 아인슈타인의 특수 상대성 이론에서 질량-에너지 등가 원리는 의심의 여지가 없다. 우리 모두 그 원리를 이견 없이 받아들이고 있다. 하지만 《우주에서 시간이 사라지다》에서 다루었듯이 등속도로 움직이는 장소에서의 시간이 정지해 있는 장소에서의 시간보다 더 천천히 흐른다는 시간 지연 현상은 일어나지 않는다는 것이다.

10년 후 아인슈타인은 일반 상대성 이론을 발표하였다. 특수 상대성 이론의 확장이라고 볼 수 있는 이 이론은 하나의 원리를 가정하였다. 중력과 관성력은 구분할 수 없다는 **등가 원리**이다. 쉽게 이야기하면 중력과 가속도는 같다는 것이다.

일반 상대성 이론의 핵심은 3가지라고 할 수 있다. 첫 번째는 중력에 의하여 빛이 휘어진다는 것, 두 번째는 중력에 의하여 시간이 느려진다는 것, 세 번째는 시간과 공간을 하나로 묶은 시공간이 질량에 의하여 휘거나 일그러진다는 것이다. 즉 뉴턴의 중력을 시공간의 휨, 시공간의 곡률로 대체했다고 볼 수 있다.

학계에서는 일반 상대성 이론을 뉴턴의 중력 이론을 대체한 새로운 중력 이론이라고 말하기도 한다. 중력에 의하여 빛이 휘어지는 것은 질량에 의하여 시공간이 휘어져 있고 그 구부러진 시공간을 따라 빛이 움직이기 때문이라는 것이다. 그리고 지구가 태양을 공전하는 것은 태양의 질량에 의하여 태양 주위의 시공간이 휘어져 있는데 그 휘어진 시공간을 따라 지구가 움직이기 때문이라는 것이다. 최근에 발견했다고 하는 '중력파' 또한 시공간의 일그러짐이 광속으로 파도처럼 전달되는 것으로 보고 있다.

아인슈타인 방정식

일반 상대성 이론의 근간을 이루는 방정식은 시공간의 곡률과 에너지-운동량을 연결하는 **아인슈타인 방정식**이다. 이 방정식은 아인슈타인과 독일 수학자 힐베르트가 함께 만들었다. 복잡하고 어렵게 느껴지지만 다음과 같이 표현된다.

$$G_{\mu\nu} = \frac{8\pi G}{c^4} T_{\mu\nu} \tag{2}$$

시공간의 곡률　　시공간에 담긴 물질

왼쪽의 $G_{\mu\nu}$는 **아인슈타인텐서**라고 부르며 시공간의 곡률에 대한 정보를 담고 있다. 시공간에 담긴 물질에 의하여 시공간이 어떻게 생겼는지, 얼마나 휘어 있는지를 알려준다. 여기서 '텐서'란 말이 처음 등장하였는데 '텐서란 무엇인가?'에 대해서는 미분 개념을 소개한 후에 다루겠다. 아인슈타인텐서에 대한 구체적인 표현은 다음과 같다.

$$G_{\mu\nu} = R_{\mu\nu} - \frac{1}{2} g_{\mu\nu} R$$

여기서 $R_{\mu\nu}$는 **리치텐서**, $g_{\mu\nu}$는 **계량텐서**, R은 **스칼라곡률**이라 부른다. 위의 식을 대입하면 아인슈타인 방정식 (2)가 얼마나 복잡하게 표현되는지 실감할 수 있다. 사실 식 (2)에는 우주가 어떻게 팽창하는지와 관련이 있는 '우주상수항'이 빠져 있다.

아인슈타인 방정식 (2)의 오른쪽 첫 번째 항의 G는 중력상수, c는 빛의 속도, 그리고 T_{uv}는 **에너지-운동량 텐서**라 부른다. 에너지-운동량 텐서는 에너지와 운동량의 밀도와 유량을 나타낸다. 아인슈타인 방정식을 한 문장으로 이야기하면 물질과 에너지의 분포에 따라 시공간의 모습을, 즉 시공간이 어떻게 휘고 왜곡되는지를 알려준다고 할 수 있다. 그래서 아인슈타인 방정식을 이용하여 시공간에 주어진 두 점 사이의 거리의 제곱을 나타내는 '선 요소(line element)'를 구하면 질량에 의한 빛의 휨, 수성의 근일점 이동 등을 계산할 수 있다는 것이다.

여기서 한 가지 짚고 넘어갈 것이 있다. 우리는 아인슈타인이 주장한 '빛의 경로가 질량(중력)에 의하여 휜다'는 의견에 아무런 이의를 제기하지 않는다. 하지만 중력에 의하여 시간이 느려지거나(저자의 책《우주에서 시간이 사라지다》 참조) 질량에 의하여 시공간이 휘어지거나 하지는 않는다. 질량에 의하여 시공간이 휘어지지 않는다는 것은 이 책의 주요 주제이다.

일반 상대성 이론을 이용하여 빛의 휨, 수성의 근일점 이동 등을 다룰 때는 미분과 편미분, 텐서, 선 요소, 크리스토펠 기호 등의 개념이 중요하다. 어려운 개념들이지만 왜 이런 개념들이 필요한지 이들을 차례로 살펴보도록 하자.

미분, 편미분 개념

일반 상대성 이론에서 가장 중요한 개념은 무엇일까? 바로 미분, 편미분이다. 기하학적으로 미분과 편미분은 곡선이나 곡면의 '기울기'를 의미하기 때문이다. 곡면이 얼마나 기울어졌는지를 알아야 시공간이 얼마나 굽었는지, 휘었는지를 알 수 있다. 나중에 보겠지만 아인슈타인 방정식에 속한 리치텐서 $R_{\mu\nu}$는 소위 크리스토펠 기호 $\Gamma^{\lambda}_{\mu\nu}$라는 것을 포함하고 있는데 이 크리스토펠 기호는 휘어진 시공간의 구조를 알려주는 계량텐서 $g_{\mu\nu}$에 대한 편미분을 포함하고 있다.

기울기와 관련되는 개념은 세 가지가 있다. 첫 번째는 변수가 하나인 함수 $f(x)$와 관련하여 '미분을 한다' 또는 '도함수를 구한다'고 표현하는 **개념**이다.2) 두 번째는 변수가 두 개 이상인 함수[예를 들면 $f(x, y)$]와 관련하여 '편미분을 한다' 또는 '편도함수를 구한다'고 표현하는 **개념**이다. 세 번째는 변수가 두 개 이상인 함수와 관련하여 '방향도함수를 구한다'고 표현하는 **개념**이다.

일변수함수 $f(x)$를 미분하면 x축 방향으로 나아갈 때 함수에 의하여 나타내어지는 **곡선**이 얼마나 기울어졌는지를 알 수 있다. 미분한 값이 0보다 크면 위로, 0보다 작으면 아래로 향한다는 것을 의미하고, 미분한 값이 0이 나오면 경사가 없고 평평하다는 것을 의미한다. 이변수함수 $f(x, y)$를 편미분하면 x축과 평행인 방향, y축과 평행인 방향으로 각각 나아갈 때 함수에 의하여 나타내어지는 **곡면**이 얼마나 기울어졌는지를 알 수 있다. 이변수함수 $f(x, y)$에 대한 방향도함수를 구하면 제시된 '임의의' 방향으로 나아갈 때 함수에 의하여 나타내어지는 **곡면**이 얼마나 기울어졌는지를 알 수 있다. 이번 기회에 미분에 대하여 한번 배워보도록 하자.

미분

일변수함수 $y = f(x)$의 미분은

$$f'(x),\ \frac{dy}{dx},\ y',\ \text{또는}\ \dot{y}$$

으로 나타낸다. 기호 $f'(x)$는 'f 프라임 오브 x'라고 읽는다. 함수의 그래프를 그리면 평면에 하나의 곡선이 주어지는데, 미분을 구한다는 것은 곡선의 **기울기**를 구한다는 의미이다. 물체의 운동을 다루거나 자동차로 드라이브를 할 때에는 미분은 **속도**를 의미하고 면적이나 부피가 증가하거나 감소할 때는 미분은 **변화량**을 의미한다.

미분을 한 번 더 하면 2계 미분

$$f''(x),\ \frac{d^2y}{dx^2},\ y'',\ \text{또는}\ \ddot{y}$$

을 얻는다. 기호 $f''(x)$는 'f 더블 프라임 오브 x'라고 읽는다. 두 번 미분한 것은 곡선이 위로 오목한지(위로 열렸는지), 아래로 오목한지(아래로 열렸는지), 얼마나 오목한지, **오목성**에 대하여 말해준다. 물체의 운동을 다루거나 자동차를 몰 때에는 2계 미분은 **가속도**를 의미한다. 속도에 대한 변화를 구했기 때문이다.

결론적으로 함수는 곡선의 높고 낮음을 알려주고, 한 번 미분하면 곡선이 얼마나 기울어졌는지를, 두 번 미분을 하면 곡선이 얼마나 오목한지를 알 수 있다. 참고로 미분 기호 $\frac{dy}{dx}$는 독일의 라이프니츠가 고안하였으며 $f'(x)$는 이탈리아에서 태어났지만 프랑스에서 활동한 라그랑주가 사용하였다. 영국의 뉴턴은 $\dot{y}$를 미분 기호로 나타내었다고 한다.

기호 dx, dy는 0은 아니지만 0에 가까운 매우 작은 값들을 의미하고 '무한소'라고 부른다. 그래서 무한소 dx는 x의 값이 아주 조금 변한 경우이고, 무한소 dy는 y의 값이 아주 조금 변한 경우이다. 따라서 $\frac{dy}{dx}$는 x의 값이 조금 변할 때 y의 값이 얼마나 변하는지를 나타낸다고 할 수 있다. 그래서 '변화율'이라고 한다.

만약 두 점 사이의 거리를 s라고 하면 거리의 무한소는 ds로 나타내면 된다. 무한소 ds는 0에 가까운 매우 작은 값이지만 역시 두 점 사이의 거리를 의미한다. 일반 상대성 이론에서 자주 등장하는 기호이다.

예를 들어보자. 함수 $y=f(x)=-x^2+3$의 그래프는 점 $x=0$에서 최댓값 3이 주어지며 아래로 오목한, 아래로 열린 포물선이다. 그림 4에서 보듯이 왼쪽에서 오른쪽 방향으로 나아가면 곡선이 상승하다가 정점에 이르고($x=0$일 때) 그 후 곡선은 아래로 떨어진다.

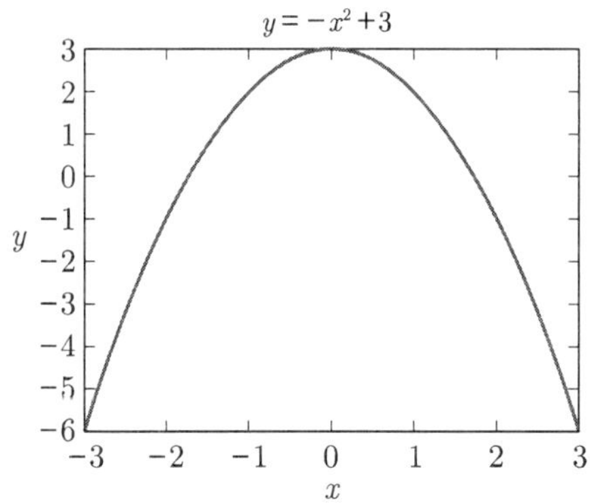

그림 4 일변수함수 $f(x)=-x^2+3$의 그래프

함수의 그래프를 그리지 않고 곡선이 위로 향하는지, 평평한지, 아래로 향하는지를 어떻게 알 수 있을까? 함수의 도함수를 구하면 된다. 미분을 해보면

$$f'(x)=\frac{dy}{dx}=-2x$$

가 된다.[3] 이를 함수 $f(x)=-x^2+3$의 '도함수'라 부른다. 도함수는 각 점에 대하여 함수 $f(x)$의 기울기 정보를 가지고 있다. 예를 들어 $x=-1$일 때 $f'(-1)=-2(-1)=2$이다. 미분 값이 0보다 크므로 이 점에서 양의 x축(오른쪽) 방향으로 나아가면 곡선은 위로 향한다는 것을 의미한다. 등산객이 산 위를 올라가는 것과 같다. $x=0$일 때 $f'(0)=0$이므로 이

점에서 곡선의 기울기는 평평하다는 것을 의미한다. 등산객이 산 정상에 오른 것과 같다. $x=1$일 때 $f'(1)=-2$이다. 미분 값이 0보다 작으므로 이 점에서 x축(오른쪽) 방향으로 나아가면 곡선은 아래로 향한다. 등산객이 하산하는 것과 같다. 미분 값이 양수이든 음수이든 절대적으로 크면 경사가 더 가파르다고 생각하면 된다.

한 번 더 미분하면 $f''(x)=-2$이다. 2계 도함수의 값이 음수라는 것은(이 경우 모든 점에서 음수임) 곡선이 아래로 오목하게 열렸다는 것을 의미하고(그림 4 참조), 만약 모든 점에서 2계 도함수의 값이 양수이면 곡선 전체가 위로 오목하게 열렸다는 것을 의미한다. 모든 점이 아니라, 예를 들어 점 x_1에서는 2계 도함수의 값이 음수이고 점 x_2에서는 양수이면, x_1을 중심으로 하는 어떤 근방에 대해서는 아래로 오목하고 x_2를 중심으로 하는 어떤 근방에 대해서는 위로 오목함을 의미한다. 이를 '국소적으로 오목하다'고 표현한다.

편미분

이변수함수 $u=f(x, y)$는 '미분한다'고 표현하지 않는다. 변수(독립변수)가 두 개이기 때문이다. 참고로 x, y를 독립변수, u를 종속변수라 부른다. 각각의 독립변수에 대하여 미분을 해야 하므로 '편미분'이라는 말을 사용한다.

이변수함수 $f(x, y)$를 변수 x에 대하여 미분한 것을 기호

$$\frac{\partial f}{\partial x}$$

로 나타내고(기호 f_x로 나타내기도 함), f를 변수 y에 대하여 미분한 것을 기호

$$\frac{\partial f}{\partial y}$$

로 표시한다(기호 f_y로 표시하기도 함). 미분을 나타낼 때는 기호 'd'를 사용하지만 편미분을 나타낼 때는 기호 '∂'를 사용하고 '파셜' 또는 '라운드 디'라 발음한다. 이 기호는 1786년에 르장드르가 최초로 편미분 기호로서 도입하였는데, 아인슈타인 방정식을 다룰 때 자주 보게 될 것이다.

이변수함수 $u = f(x, y)$의 그래프는 3차원 공간에서 곡면이다. 편미분 $\frac{\partial f}{\partial x}$와 $\frac{\partial f}{\partial y}$를 구한다는 것은 각각 x축과 평행인 방향으로의 곡면의 기울기와 y축과 평행인 방향으로의 곡면의 기울기를 구한다는 것을 의미한다. $\frac{\partial f}{\partial x}$를 구할 때는 y를 상수로 취급하고 $\frac{\partial f}{\partial y}$를 구할 때는 x를 상수로 취급하여 미분을 한다.

미분을 한 번 더하면 복잡하게 보이지만 모두 4개의 2계 편미분

$$\frac{\partial^2 f}{\partial x^2},\ \frac{\partial^2 f}{\partial y \partial x},\ \frac{\partial^2 f}{\partial x \partial y},\ \frac{\partial^2 f}{\partial y^2}$$

을 얻는다(나열된 순서대로 각각 기호 f_{xx}, f_{xy}, f_{yx}, f_{yy}로 나타내기도 함). 이들은 오목성에 대한 정보를 가지고 있다.

한 예로 이변수함수 $f(x, y) = 3x^2y^4$의 그래프는 그림 5와 같이 곡면으로 주어진다.

이 곡면은 원점을 중심으로 나타낸 것인데 위로 열린 부분[예를 들면, 점 $(0, -2)$를 중심으로 좌우로 펼쳐진 포물선 형태]도 보이고, 아래로 열린 부분(뾰족하게 위로 솟았지만 말안장처럼 생긴 형태)도 보인다. 편미분, 2계 편미분을 이용한 그래프의 분석은 이 책의 부록 A를 참조하기 바란다.

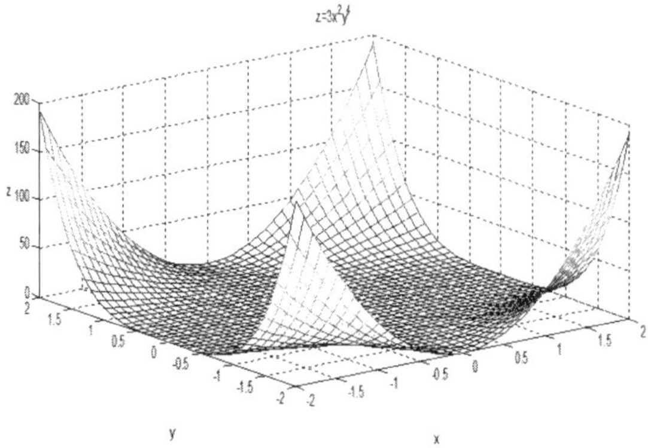

그림 5 원점 $(0, 0)$을 중심으로 나타낸 이변수함수 $f(x, y) = 3x^2y^4$의 그래프

방향도함수

방향도함수는 x축과 평행하거나 y축과 평행한 방향이 아니라 **임의로 주어진 방향으로 나아갈 때 곡면의 기울기**가 어떻게 되는지를 알려준다. 방향도함수를 계산하기 위해서는 기울기를 나타내는 소위 '구배'라는 벡터와 방향을 가리키는 '단위벡터'가 필요하다. 방향도함수에 대한 정의와 개념 등은 일반 상대성 이론과 상관이 없기 때문에 이에 관심이 있는 독자는 다른 책을 참조하기 바란다.

결론적으로 미분(1계 도함수)은 경사가 얼마인지, 얼마나 기울어지고 휘어졌는지를 알려준다. 두 번 미분한 2계 도함수, 2계 편도함수는 곡선이나 곡면이 얼마나 오목한지, 어느 방향으로 열렸는지를 말해준다. 그러므로 시공간의 휨, 시공간의 굴곡을 다루는 일반 상대성 이론에서 가장 중요한 개념은 미분, 편미분이라고 할 수 있다.

텐서

일반 상대성 이론의 중심이 되는 아인슈타인 방정식에는 리치-쿠르바스트로와 레비치비타 등의 수학자가 발전시킨 '텐서'라는 개념이 포함된다. 텐서를 다루는 이유는 무엇일까?

첫째는 물리적 현상이나 자연법칙은 어떤 특정한 좌표계에 얽매이지 않고 모든 좌표계에 적용되어야 한다는 특성을 가지고 있다. 이런 물리적 현상이나 자연법칙을 수식을 이용하여 나타내고 다루어야 하는데 텐서나 텐서로 나타낸 방정식이 아주 적합하다. 왜냐하면 텐서는 한 좌표계에서 다른 좌표계로 변환을 하더라도 바뀌지 않는 성질을 가지기 때문이다. 우리가 잘 알고 있는 벡터는 그렇지 않다.

둘째는 텐서나 텐서로 이루어진 방정식은 다른 좌표계의 좌표에 대하여 미분이나 편미분한 것들을 포함하는 경우가 있다. 앞에서 다루었듯이 미분을 한 번 하면 기울기 개념이 주어지고 한 번 더 하면 오목성에 대하여 알 수 있는데 이런 텐서나 텐서 방정식은 시공간의 곡률, 즉 시공간의 굽은 정보를 담고 있기 때문이다. 조금 더 구체적으로 살펴보자.

주로 화살표를 이용하여 표시하는 **벡터**('위치벡터'라고도 함)는 성분과 기저벡터로 구성되며 크기와 방향을 가지는 양으로 정의된다. 예를 들면 '유클리드 공간'이라고 부르는 3차원 직교좌표계의 벡터는

$$\vec{u} = x\vec{i} + y\vec{j} + z\vec{k}$$

로 나타낼 수 있다. 여기서 x, y, z는 벡터 $\vec{u}$의 성분이고 $\vec{i}, \vec{j}, \vec{k}$는 길이가 1인 기저벡터이다[예를 들면, $\vec{i} = (1, 0, 0)$]. 벡터의 크기는 $|\vec{u}| = \sqrt{x^2 + y^2 + z^2}$로 정의되며, 벡터의 방향은 시작을 의미하는 원점 $(0, 0, 0)$에서 끝을 나타내는 점 (x, y, z)으로 주어진다. 물론 시작점이

원점이 아닌 벡터도 있다. 참고로 벡터를 나타낼 때에는 화살표를 생략하고 다음과 같이 점 형태로 표현하기도 한다.

$$u = (x,\ y,\ z)$$

반면에 텐서는 벡터와 같이 성분과 기저벡터로 구성되어 있지만 한 좌표계에서 다른 좌표계로 변환을 하더라도(예를 들면, 정지해 있는 좌표계에서 속도 v로 움직이는 좌표계로) 바뀌지 않는 성질을 가지고 있다. 좌표변환을 했을 때 어떤 특성이 바뀐다면 이것은 텐서가 아니라는 것이다. 따라서 **텐서**란 좌표계에 불변인 물리량을 의미한다고 할 수 있다. 여기까지 읽었지만 여전히 텐서란 개념이 가슴에 와 닿지 않았을 것이라고 생각한다. 그래서 텐서의 개념을 확실히 이해하기 위하여 텐서가 아닌 예를 들어보도록 하자. 바로 위치벡터이다.

한 점을 $(x,\ y)$로 나타내는 좌표계 k가 있다. 이 좌표계에서 $v_1 = (2,\ 1)$은 시작점이 원점 $(0,\ 0)$이고 끝점이 $(2,\ 1)$인 하나의 위치벡터이다. 이 위치벡터는 텐서가 아니다.

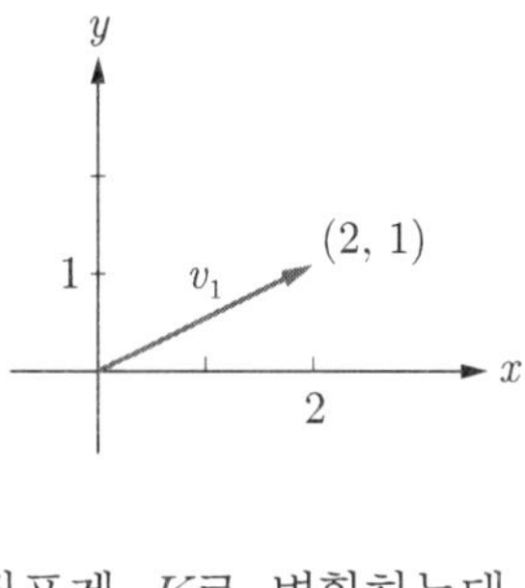

좌표계 k를 새로운 좌표계 K로 변환하는데 $X = x-1$, $Y = y-2$를 이용하여 변환하고 이 새로운 좌표계의 한 점은 $(X,\ Y)$로 나타낸다고 하자. 이 경우에 원점 $(X,\ Y) = (0,\ 0)$은 $x = 1,\ y = 2$일 때이다. 사실 좌표계 K는 좌표계 k의 원점에서 오른쪽으로 한 칸, 위로 두 칸 이동했다고 볼 수 있다(그림 6).

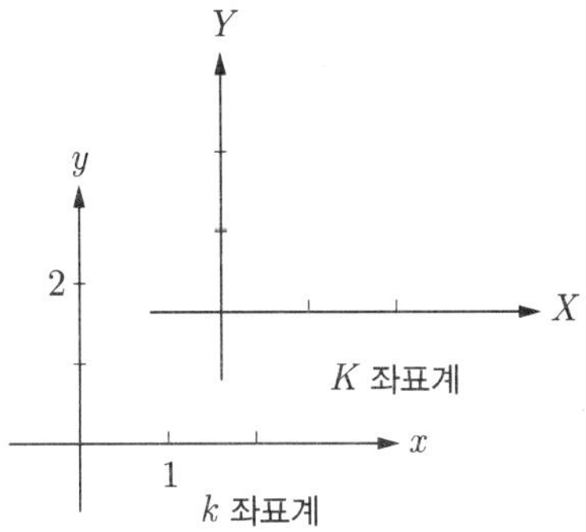

그림 6 좌표계 k의 원점에서 오른쪽으로 한 칸, 위쪽으로 두 칸 이동한 좌표계 K

좌표계 K에서 $V_1 = (2, 1)$을 위치벡터라고 하자. 그러면 $v_1 \neq V_1$가 된다. 즉, $V_1 = (2, 1)$을 (x, y) 좌표로 역변환하면 $(3, 3)$이 되어 좌표계 k의 $v_1 = (2, 1)$과 같지 않다는 것이다.4) 그래서 위치벡터는 벡터이지만 텐서는 아니라고 할 수 있다.

그렇다면 텐서의 예로는 무엇이 있을까? 한 위치벡터에서 다른 위치벡터를 뺀다고 하자. 이 '두 위치벡터의 차'는 텐서(1차 텐서라고 함)가 된다.5) 좌표계 k에서 $v_1 = (2, 1)$, $v_2 = (3, 4)$로 두면

$$v_2 - v_1 = (1, 3)$$

이 된다. 반면에 좌표계 K에서 $V_1 = (2, 1)$, $V_2 = (3, 4)$로 두면

$$V_2 - V_1 = (1, 3)$$

이 되어 $v_2 - v_1 = V_2 - V_1$를 만족한다. 확인을 해보자. $V_1 = (2, 1)$을 (x, y) 좌표로 역변환하면 $(x, y) = (3, 3)$이 되고, $V_2 = (3, 4)$를 (x, y) 좌표로 역변환하면 $(x, y) = (4, 6)$이 된다. 그래서 $(4, 6) - (3, 3) = (1, 3)$은 $v_2 - v_1 = (1, 3)$와 같다는 것을 알 수 있다.

또 다른 예는 두 점 사이의 거리이다. 두 점 사이의 거리는 좌표변환을 하더라도 변하지 않는다. 따라서 두 점 사이의 거리를 나타내는 양은 텐서라고 할 수 있다. 위에서 다룬 예를 다시 보자. 좌표계 k에서 두 점 $v_1=(2,1)$, $v_2=(3,4)$ 사이의 거리는 $\sqrt{10}$ 이다.[6] $X=x-1$, $Y=y-2$에 의하여 변환된 좌표계 K에서 두 점 $V_1=(2,1)$, $V_2=(3,4)$ 사이의 거리 역시 $\sqrt{10}$ 이다. 그리고 $V_1=(2,1)$와 $V_2=(3,4)$를 역변환을 하였을 때 주어지는 두 점 $(3,3)$, $(4,6)$ 사이의 거리를 구하더라도 $\sqrt{10}$이 나온다. 그래서 두 점 사이의 거리는 텐서라고 할 수 있다는 것이다.

일반 상대성 이론에서 다루는 중요한 텐서는 시공간의 굴곡이 어떠한지를 알려주는 '계량텐서'이다. 계량텐서를 '측량텐서'라 부르기도 한다. 계량텐서는 일반적으로 기호 $g_{\mu\nu}$로 나타내는데 '거리'의 의미를 가지는 '선 요소'의 계수로 등장한다. 질량에 의한 빛의 휨, 수성의 근일점 이동 등을 계산하기 위해서는 선 요소라는 개념이 중요하다. 다음 절에서는 선 요소와 계량텐서의 개념을 이해하도록 한다.

선 요소

공간이나 시공간에 주어진 두 점 사이의 무한소 거리 ds의 제곱(ds^2)을 나타내는 식을 **선 요소**라고 부른다. 이 식은 텐서, 특히 계량텐서를 포함하고 있다. 계량텐서를 알면 두 점 사이의 거리를 측량할 수 있으므로 시공간이 어떻게 구부러져 있는지, 어떤 성질을 가지고 있는지 알 수 있다.

질량에 의한 빛의 휨, 수성의 세차운동 등의 문제를 해결하기 위해서는 선 요소를 구하는 것이 관건이다. 하지만 태양과 같은 질량에 의하여 휘어진 시공간의 선 요소를 구한다는 것은 쉽지가 않다. 그래서 선 요소의 계량텐서를 구하기 위하여 앞에서 소개한 아인슈타인 방정식을 이용한다.

질량과 관련된 선 요소를 다루기 전에 선 요소의 개념을 쉽게 이해하기 위하여 '질량과 시간 개념이 배제된' 선 요소 그리고 '질량은 배제되었지만 시간 개념이 포함된 선 요소'를 먼저 알아보자.

시간 개념이 배제된 선 요소

2차원 공간(유클리드 평면)을 예로 들어보자. 물론 시간 개념은 포함되어 있지 않다. 다음 식

$$ds^2 = Adx^2 + Bdy^2 \qquad (3)$$

은 '2차원 공간에 대한 일반적인 형태의 선 요소'라 할 수 있다. 양변에 제곱근 '$\sqrt{\ }$'를 취하면 왼쪽에 ds가 주어지는데 이는 두 점 사이의 무한소 거리를 의미한다. 그래서 ds^2을 '거리'라고도 한다. 중요한 것은 선 요소의 계수 A, B를 알면 공간의 구조가 어떠한지를 알 수 있다는 것이다. A, B를 구체적으로 구해보자.

유클리드 평면에 주어진 두 점 (x_1, y_1), (x_2, y_2) 사이의 거리는 피타고라스 정리에 의하여

$$ds^2 = dx^2 + dy^2 \qquad (4)$$

으로 주어진다. 여기서 $dx = x_2 - x_1$, $dy = y_2 - y_1$이다.

위의 두 식 (3)과 (4)를 비교하면 $A = 1$, $B = 1$가 되어야 하는데 계수(즉 계량텐서)가 모두 1이라는 것은 2차원 유클리드 공간은 평면처럼 편평하다는 것을 의미한다. (일반적으로 dx^2, dy^2 등의 계수가 1 또는 -1로 주어지면 해당되는 공간은 편평하다고 한다. 참고로 $dxdy$와 $dydx$의 계수는 0이다. 그래서 식 (3)과 (4)에는 이런 항들이 보이지 않는다.)

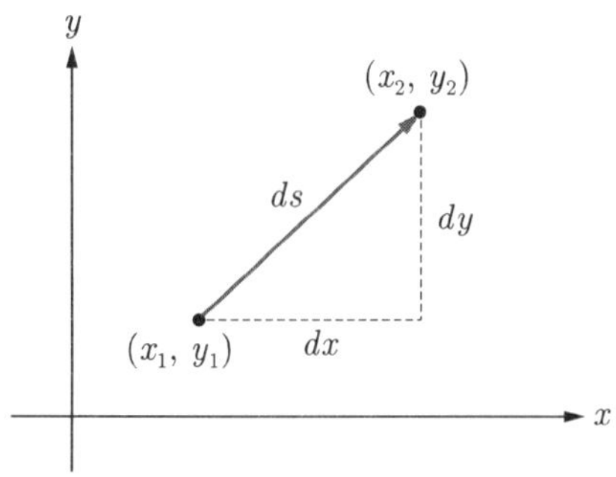

3차원 직교좌표계 또는 3차원 유클리드 공간에서 두 점 사이의 무한소 거리의 제곱을 나타내는 선 요소는

$$ds^2 = dx^2 + dy^2 + dz^2$$

으로 주어진다. 선 요소의 계수가 모두 1이기 때문에 3차원 유클리드 공간 역시 휘어져 있지 않고 편평하다고 할 수 있다.

이제 직선이 아닌 2차원 곡선에 대한 선 요소를 살펴보자. 곡선에 대한 선 요소는 극좌표 (r, θ)를 이용하면 쉽게 나타낼 수 있는데 다음과 같이 표현된다.[7)]

$$ds^2 = Adr^2 + Bd\theta^2 \tag{5}$$

만약 주어진 곡선이 반지름이 r인 원이면 왼쪽의 ds는 호처럼 굽은 원 위에서 두 점 사이의 무한소 거리를 의미한다. 그렇다면 여기서 A, B는 무엇일까? 다음 그림에서 보듯이 두 점 P와 Q 사이의 거리 ds는

$$ds = rd\theta$$

이다.

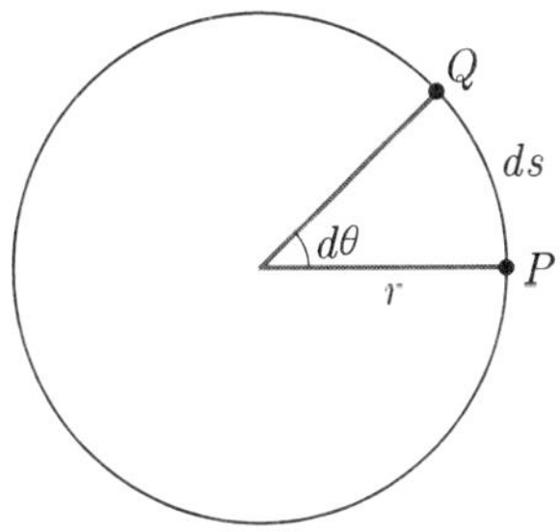

예를 들면 반지름이 $r = 12\,\text{cm}$ 이고 각이 $d\theta = 30° = \pi/6$ 이면 $ds = 2\pi$ cm가 된다는 것이다.

위의 식 양 변을 제곱하면

$$ds^2 = r^2 d\theta^2 \tag{6}$$

이 주어지는데 식 (5)와 (6)을 비교하면 $A = 0$, $B = r^2$이 된다. A, B가 1 또는 -1이 아니라는 것은 원 위는 평평하지 않다는 것을 뜻한다.

원이 아닌 일반적인 곡선(곡선의 길이를 ds로 나타내었음)을 살펴보자.

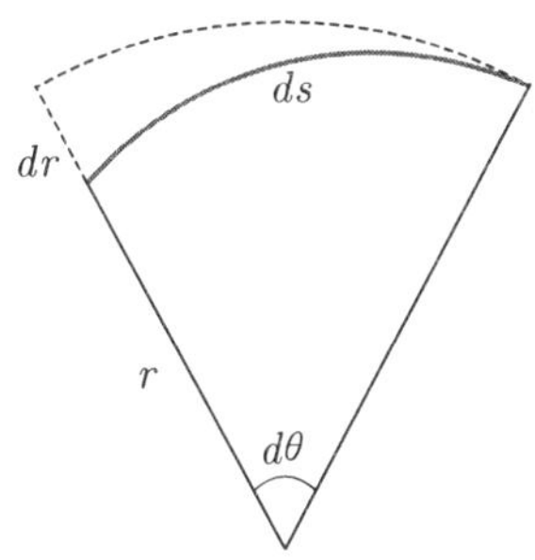

이 일반적인 곡선에 대한 선 요소는 다음과 같이 나타내어진다.

$$ds^2 = dr^2 + r^2 d\theta^2$$

식 (5)와 비교하면 $A=1, B=r^2$을 의미한다. 곡선이 평평하지 않고 굽었다는 것이다. 참고로 위의 식은 한 변이 dr, 다른 변이 $rd\theta$, 그리고 빗변이 ds가 되는 직각삼각형에 피타고라스 정리를 적용한 것과 유사하다.

축구공과 같이 반지름이 r인 구면에 대해서 살펴보자. 구면좌표계의 한 점 P는 (r, θ, ϕ)로 나타낸다(그림 7). r은 원점에서 이 점까지의 거리이고, θ는 설명하기가 약간 까다롭지만 다음과 같다. 점 P를 x, y 평면에 수직으로 투영하면 x, y 평면에 수선의 발인 P'이 생긴다. θ은 양의 x축으로부터 원점과 P'을 잇는 선분까지의 각이다. 마지막으로 ϕ는 양의 z축으로부터 원점과 점 P를 잇는 선분까지의 각이다.

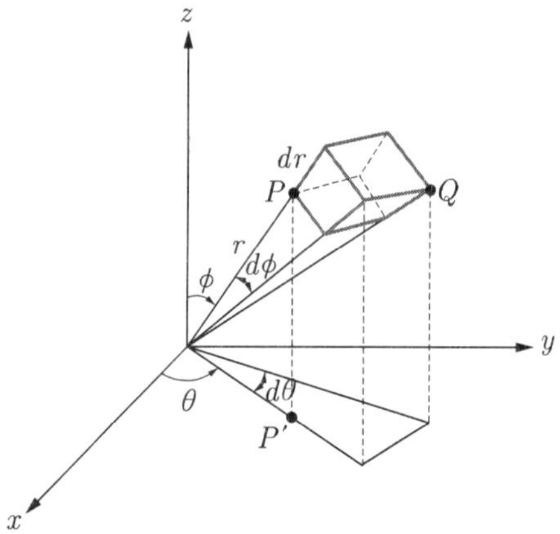

그림 7 구면좌표계의 한 점 $P(r, \theta, \phi)$와 두 점 P, Q 사이의 거리의 성분

예를 들면 직교좌표계에서의 점 $(x, y, z)=(1, 1, 1)$은 구면좌표계에서 $(r, \theta, \phi)=(\sqrt{3}, 45°, 54.7°)$로 주어진다.[8)]

3차원 공간에서의 구면좌표계에 대한 선 요소는 다음과 같이 나타내어지고

$$ds^2 = Adr^2 + Bd\theta^2 + Cd\phi^2$$

두 점 P와 Q 사이의 무한소 거리 ds의 제곱은 다음과 같이 주어진다.

$$ds^2 = dr^2 + r^2 d\theta^2 + r^2 \sin^2\theta \, d\phi^2$$

즉, $A = 1$, $B = r^2$, $C = r^2 \sin^2\theta$을 의미하고 구면좌표계로 나타낸 두 점 사이의 곡선은 평평하지 않다는 것을 의미한다.

시간 개념이 포함된 선 요소

일반 상대성 이론에서는 공간에 시간을 결합시킨 시공간[9]을 다루기 때문에 위의 상황들에 대하여 시간 항을 추가하여 설명해 보자.

편평한 평면(2차원 유클리드 공간)에서 빛이 시간 dt 동안 한 점에서 다른 점으로 이동했다고 하자.

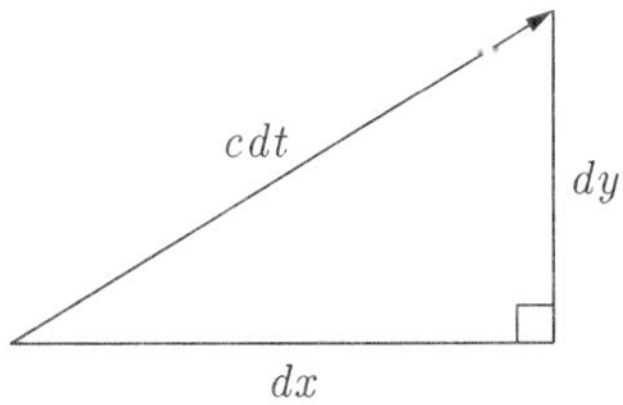

x축 방향으로 이동한 성분 거리를 dx라 하고 y축 방향으로 이동한 성분 거리를 dy라고 하면 피타고라스 정리에 의하여

$$c^2 dt^2 = dx^2 + dy^2$$

이 된다. 여기서 cdt는 빛이 속도 c로 이동한 거리이다. 위의 식에 ds^2을 도입하여

$$ds^2 = c^2 dt^2 - dx^2 - dy^2$$

으로 두면(또는 $ds^2 =-c^2dt^2+dx^2+dy^2$으로 두어도 됨) 이동한 물체가 빛인 경우 $ds^2=0$이 되고 빛이 아닌 경우는 $ds^2 \neq 0$이 된다. 빛의 속도는 초속 300,000 km이지만 일반 상대성 이론에서는 편의상(시간과 길이 단위가 같아지도록) $c=1$로 둔다. 그래서 위의 식을

$$ds^2 = dt^2 - dx^2 - dy^2$$

으로 나타낼 수 있다. 이는 시간이 포함된 선 요소이고 $A=1$, $B=-1$, $C=-1$의 값을 가져 2차원 유클리드 공간과 시간을 합친 3차원 시공간은 편평하다고 한다.

편평한 3차원 유클리드 공간에서 빛이 시간 dt 동안 한 점에서 다른 점으로 이동했다고 하자. 그러면 시공간에서의 무한히 가까운 두 점 사이의 거리의 제곱은 다음과 같이 표현된다.

$$ds^2 = c^2dt^2 - dx^2 - dy^2 - dz^2$$

편의를 위해 $c=1$로 두면 선 요소는 다음과 같다.

$$ds^2 = dt^2 - dx^2 - dy^2 - dz^2$$

즉 $A=1$, $B=-1$, $C=-1$, $D=-1$의 값을 가져 3차원 유클리드 공간과 시간을 합친 4차원 시공간 역시 편평하다고 볼 수 있다. 물론 이동한 물체가 빛이면 $ds^2=0$이다.

구면좌표계에 시간 항이 포함된 선 요소는 다음과 같이 주어진다.

$$ds^2 = dt^2 - dr^2 - r^2d\theta^2 - r^2\sin^2\theta\, d\phi^2$$

즉

$$A=1,\ B=-1,\ C=-r^2,\ D=-r^2\sin^2\theta$$

를 의미하기 때문에 시간이 추가된 구면 시공간은 휘어져 있다고 볼 수 있다.

지금까지 선 요소의 계수를 대문자 A, B, C, D로 나타내었다. 일반 상대성 이론에서는 대문자 대신 기호 $g_{\mu\nu}$을 사용한다. 예를 들면, 3차원 유클리드 공간과 시간을 결합한 4차원 시공간(민코프스키 시공간이라 부름)의 선 요소 $ds^2 = dt^2 - dx^2 - dy^2 - dz^2$을

$$ds^2 = g_{00}dt^2 + g_{11}dx^2 + g_{22}dy^2 + g_{33}dz^2$$

으로 두어 $g_{00} = 1$, $g_{11} = -1$, $g_{22} = -1$, $g_{33} = -1$이라는 것이다. 다만 첨자 μ와 ν가 서로 다를 때는 $g_{\mu\nu} = 0$을 의미한다. 이 기호 $g_{\mu\nu}$를 계량텐서라 부른다(4차원 시공간의 경우 계량텐서 $g_{\mu\nu}$는 모두 16개가 나온다: g_{00}, g_{01}, g_{02}, g_{03}, g_{11}, g_{12}, ..., g_{33}. 여기서 0이 아닌 g_{uu} 형태를 갖는 계량텐서의 값들이 모두 1 또는 -1이면 시공간은 편평하다고 한다.). 앞에서도 다루었지만 빛의 경우 $ds^2 = 0$이 되고 빛보다 속도가 느린 일반 물체의 경우 $ds^2 > 0$이 된다.

구면좌표계의 경우, 선 요소는

$$ds^2 = dt^2 - dr^2 - r^2 d\theta^2 - r^2 \sin^2\theta \, d\phi^2$$

으로 주어진다. 따라서 계량텐서의 값은

$$g_{00} = 1, \ g_{11} = -1, \ g_{22} = -r^2, \ g_{33} = -r^2 \sin^2\theta$$

가 된다. 비대각선의 경우($\mu \neq \nu$) $g_{\mu\nu}$의 값은 모두 0이다. 예를 들면 $g_{01} = 0$, $g_{12} = 0$ 등이다. 구면 좌표계의 경우 g_{uu} 형태를 갖는 계량텐서의 값들이 모두 1 또는 -1이 아니기 때문에 '구면은 편평하지 않다'고 할

수 있다. 계량텐서의 개념에 대한 부연 설명은 이 책의 부록 B를 참조하기 바란다.

결국 계량텐서의 값 $g_{\mu\nu}$는 해당되는 시공간이 편평한지 아닌지, 어떤 곡률을 가지고 있는지를 알려준다고 할 수 있다.

구면 대칭인 중력장에서의 선 요소

앞에서 다룬 상황은 축구공처럼 생긴 구이지만 지구나 태양과 달리 질량이 없는 경우였다. 중력이 작용하지 않는 '순수한' 구면이라는 것이다. 하지만 공처럼 생긴 구이지만 지구나 태양처럼 질량을 가지고 있다면? 선 요소에 대한 계량텐서의 값은 어떻게 주어질까? 예를 들어 태양의 질량에 의하여 태양 주변의 시공간이 만약 휜다면 두 점 사이의 거리의 제곱을 나타내는 선 요소는

$$ds^2 = g_{00}dt^2 + g_{11}dr^2 + g_{22}d\theta^2 + g_{33}d\phi^2$$

로 주어지는데 계량텐서 g_{00}, g_{11}, g_{22}, g_{33}는 무엇일까? 일반 상대성 이론에서는 이 경우가 무엇보다 중요하다.

독일의 천문학자 슈바르츠실트는 지구나 태양과 같이 질량 m을 가진 공 모양의 천체 주변의 시공간 구조에 대한 선 요소를 구했다. 즉 질량이 한 점에 집중되어 있다는 가정하에 그 주변의 시공간이 어떻게 휘어져 있는지를 밝혔다. 그는 이런 시공간은 시간에 대한 변화가 없는 **정적**이고 모든 방향으로 동일한(즉 각 θ와 ϕ에 의존하지 않는) **등방적**이라고 생각했다.

이런 성질을 만족하는 선 요소는 다음과 같이 나타낼 수 있다.

$$\textbf{형식 1: } ds^2 = A(r)dt^2 - B(r)dr^2 - r^2 d\theta^2 - r^2 \sin^2\theta d\phi^2$$

$$\textbf{형식 2: } ds^2 = -A(r)dt^2 + B(r)dr^2 + r^2 d\theta^2 + r^2 \sin^2\theta d\phi^2 \qquad (7)$$

슈바르츠실트는 아인슈타인 방정식 (2)를 이용하여 계량텐시 $g_{00} = A(r)$, $g_{11} = -B(r)$의 값을 구해냈다(형식 1의 경우임. 이 경우 $g_{22} = -r^2$, $g_{33} = -r^2 \sin^2\theta$가 됨). 과정은 어렵고 복잡하지만 다음과 같이 주어진다(부록 C 참조).

$$A(r) = \left(1 - \frac{2Gm}{rc^2}\right)$$

$$B(r) = \frac{1}{1 - \frac{2Gm}{rc^2}}$$

위의 값이 포함된 식 (7)을 '아인슈타인 방정식의 슈바르츠실트 풀이'라고 부른다. 여기서 r은 질량의 중심으로부터의 거리, G는 중력상수, m은 질량, c는 빛의 속도이다.

식 (7)을 이용하면 최단 거리를 나타내는 측지선 방정식들을 유도할 수 있고 이로부터 빛이나 수성의 움직임을 나타내는 궤도방정식을 구할 수 있다. 그리고 이 궤도방정식을 이용하면 태양에 의하여 별빛이 휘는 정도와 수성의 근일점 이동을 계산할 수 있다. 일반 상대성 이론으로 다루었다는 말은 바로 이 과정을 의미한다.

앞에서 슈바르츠실트는 아인슈타인 방정식을 이용하여 계량텐서 $g_{00} = A(r)$, $g_{11} = -B(r)$의 값을 구해냈다고 했다. 그렇다면 아인슈타인 방정식 (2)를 구성하는 핵심요소는 무엇일까? 바로 시공간의 굽은 정보를 담고 있는 크리스토펠 기호 $\Gamma^{\lambda}_{\mu\nu}$이다. 크리스토펠 기호는 다음과 같이 정의된다.

$$\Gamma^{\lambda}_{\mu\nu} = \frac{1}{2} g^{\lambda\sigma}\left(\frac{\partial g_{\nu\sigma}}{\partial x^{\mu}} + \frac{\partial g_{\mu\sigma}}{\partial x^{\nu}} - \frac{\partial g_{\mu\nu}}{\partial x^{\sigma}}\right)$$

계량텐서 $g_{\mu\nu}$를 좌표 x^{μ} 등에 대하여 편미분한 항들을 포함하고 있다는 것을 알 수 있다. 앞에서 미분과 편미분 개념을 강조하고 복습한 이유가 여기에 있다. 크리스토펠 기호의 개념과 크리스토펠 기호를 구하는 예시에 대한 자세한 내용은 이 책의 부록 D를 참조하기 바란다.

개념들과의 연관성

일반 상대성 이론에서 선 요소가 어떻게 활용되는지를 설명하기 전에 앞에서 다룬 복잡한 개념들이 어떻게 연결되는지 빛의 휨과 수성의 근일점 이동 문제에 준해서 전체 그림을 먼저 그려보자.

1. 첫 번째 관건은 두 점 사이의 거리를 의미하는 **선 요소** (7)의 **계량텐서** $g_{00} = A(r)$, $g_{11} = -B(r)$, $g_{22} = -r^2$, $g_{33} = -r^2\sin^2\theta$을 구하는 것이다. 이들을 구하고 나면 '오일러-라그랑주 방정식'이라는 식을 선 요소로부터 유도된 식 (8), (9)에 적용하여 가장 짧은 경로를 나타내는 **측지선 방정식**을 얻는다. 측지선 방정식들을 얻고 나면 빛이나 물체의 움직임을 나타내는 **2계 미분방정식**을 구할 수 있고 이 미분방정식의 해를 구하면 빛이나 물체의 위치를 알려주는 **궤도방정식**이 주어진다. 이 궤도방정식을 이용하여 시공간의 굴곡에 의한 **빛의 휨과 수성의 근일점 이동**을 계산한다.

2. 두 번째 관건은 선 요소 (7)의 계량텐서 $g_{\mu\nu}$를 실제로 구하기 위해서 **아인슈타인 방정식** (2)를 이용하는 것이다. 아인슈타인 방정식은 리치텐서 $R_{\mu\nu}$ 등과 관련이 있지만 리치텐서는 계량텐서 $g_{\mu\nu}$를 **편미분**한

항들로 정의된 **크리스토펠 기호** $\Gamma^{\lambda}_{\mu\nu}$을 포함하고 있기 때문에 아인슈타인 방정식 역시 크리스토펠 기호를 포함하고 있다고 볼 수 있다. 이 시점에서 계량텐서는 아직 미지수이지만 크리스토펠 기호의 정의에 따라 크리스토펠 기호를 구하고(미지수가 포함되어 있음) 이를 아인슈타인 방정식에 대입하여(**시공간의 곡률**을 나타내는 항과 **시공간에 담긴 물질**을 나타내는 항을 등식으로 놓고) 정리하면 구체적으로 계량텐서 $g_{\mu\nu}$가 구해진다.

선 요소의 활용

이제 선 요소 (7)은 어떻게 활용되는지 두 경우로 나누어서 살펴보자. 첫 번째는 **수성**과 같이 질량을 가진 일반물체가 태양 근처의 시공간을 지나가는 경우이고 두 번째는 질량이 없는 **빛**이 지나가는 경우이다.

경우 1: 수성과 같이 질량을 가진 일반물체가 태양 근처의 시공간을 지나가는 경우

식 (7)의 형식 1에 '고유시간'의 무한소 $d\tau$의 제곱 $d\tau^2$을 양변에 나누면 다음과 같이 주어진다.

$$\left(\frac{ds}{d\tau}\right)^2 = A(r)\left(\frac{dt}{d\tau}\right)^2 - B(r)\left(\frac{dr}{d\tau}\right)^2 - r^2\left(\frac{d\theta}{d\tau}\right)^2 - r^2\sin^2\theta\left(\frac{d\phi}{d\tau}\right)^2$$

고유시간이란 특수 상대성 이론에서 등장하는 시간 개념이다. 예를 들어보자. 등속도 v로 움직이는 사람이 있고 이를 서서 지켜보는 사람이 있다고 하자. 특수 상대성 이론에서는 두 사람의 시간이 다르게 흐른다고 하는데 서 있는 사람이 느끼는 시간을 t라고 하고 움직이는 사람이 느끼는 시간을 τ라고 할 때 t를 **좌표시간**이라 부르고 τ를 **고유시간**이라 부른다. 좌표시간과 고유시간의 관계는 $dt = 1/\sqrt{1-v^2/c^2}\,d\tau$로 주어진다.

한편 수성과 같이 질량을 가진 일반물체를 '시험 입자(test particle)'라고 부른다. 태양에 비해 질량이 너무 작아 태양에 의한 중력장에 영향을 미치지 못하는 경우를 일컫는다. 그래서 시험 입자는 '시간류 측지선(timelike geodesic)'을 따라 움직인다고 표현한다. 이 경우 $d\tau$와 ds의 관계는 $d\tau^2 = \frac{1}{c^2}ds^2$이 되어

$$\left(\frac{ds}{d\tau}\right)^2 = c^2$$

을 만족한다.10)

따라서 위의 두 식을 합치고 위치를 바꾸면 다음과 같이 나타낼 수 있다.

$$A(r)\dot{t}^2 - B(r)\dot{r}^2 - r^2\dot{\theta}^2 - r^2\sin^2\theta\,\dot{\phi}^2 = c^2 \tag{8}$$

여기서, 예를 들면, $\dot{t} = \frac{dt}{d\tau}$ 이다. 결론적으로 수성과 관련이 있는 경우, 일반 상대성 이론에서는 식 (8)을 이용한다. 이의 실제적인 활용은 이 책의 부록 I에서 볼 수 있다.

경우 2: 질량이 없는 빛이 태양 근처의 시공간을 지나가는 경우

빛은 '영 측지선(null geodesic)을 따라 움직인다'는 표현을 쓴다. 특수 상대성 이론에서 빛의 경우에는 시간이 흐르지 않아 고유시간은 0이 된다는 것이다. 즉 $d\tau = 0$이다. 따라서 $d\tau^2$을 식 (7)의 양 변에 나눌 수 없고 대신에 '아핀 매개변수'라 부르는 새로운 변수 u를 도입하여 u의 무한소의 제곱 du^2을 식 (7)의 양변에 나눈다.

$$\left(\frac{ds}{du}\right)^2 = A(r)\left(\frac{dt}{du}\right)^2 - B(r)\left(\frac{dr}{du}\right)^2 - r^2\left(\frac{d\theta}{du}\right)^2 - r^2\sin^2\theta\left(\frac{d\phi}{du}\right)^2$$

그런데 빛의 경우 $ds^2 = 0$이기 때문에

$$\left(\frac{ds}{du}\right)^2 = 0$$

이 된다(빛의 경우 $c^2dt^2 = dx^2 + dy^2$을 $ds^2 = c^2dt^2 - dx^2 - dy^2$로 나타내어 $ds^2 = 0$이 되듯이). 따라서 위의 두 식을 합치고 좌변과 우변의 위치를 바꾸면 다음과 같이 나타낼 수 있다.

$$A(r)\dot{t}^2 - B(r)\dot{r}^2 - r^2\dot{\theta}^2 - r^2\sin^2\theta\dot{\phi}^2 = 0 \qquad (9)$$

여기서, 예를 들면, $\dot{t} = \frac{dt}{du}$가 된다. 결론적으로 빛과 관련이 있는 경우, 일반 상대성 이론에서는 식 (9)를 이용한다. 이의 구체적인 활용은 이 책의 부록 G에서 볼 수 있다.

다시 한 번 정리하면 **일반 상대성 이론에서는 질량이 0이 아닌 수성과 같은 시험 입자와 관련이 있는 경우는 식 (8)을 이용하고 빛과 관련이 있는 경우는 식 (9)를 이용한다는 것**이다.

그렇다면 식 (8)이나 식 (9)는 어떻게 쓰일까?

빛의 휨, 수성의 근일점 이동 등을 계산하기 위해서는 통상적으로 식 (7)에 주어진 선 요소에서 무한소 거리[11)]

$$\begin{aligned} ds &= \sqrt{A(r)\dot{t}^2 - B(r)\dot{r}^2 - r^2\dot{\theta}^2 - r^2\sin\theta\dot{\phi}^2}\, d\tau \\ &= L\,d\tau \end{aligned}$$

를 구한 다음, 거리 $s = \int ds = \int_P^Q L\,d\tau$를 최소화(미분)하여 두 점 P, Q

사이의 가장 짧은 경로를 나타내는 식들, 즉 측지선 방정식들을 구한다. 여기서

$$L = \sqrt{A(r)\dot{t}^2 - B(r)\dot{r}^2 - r^2\dot{\theta}^2 - r^2\sin\theta\,\dot{\phi}^2}$$

이다.

그런데 $\int_P^Q L d\tau$와 같은 적분을 바로 미분하여 최소화하기보다는 동일한 결과를 도출하는 오일러-라그랑주 방정식(또는 '강한 형식'이라 부름)

$$\frac{\partial L}{\partial x} - \frac{d}{d\tau}\left(\frac{\partial L}{\partial \dot{x}}\right) = 0 \tag{10}$$

을 L에 적용한다. 여기서 $\dot{x} = \frac{dx}{d\tau}$를 의미한다. 이 방법을 '변분법'이라 부른다. 변분법의 응용에 대해서는 이 책의 부록 K를 참조하기 바란다. 참고로 오일러-라그랑주 방정식에 포함된 L을 '라그랑지안'이라고도 부른다.

다만 오일러-라그랑주 방정식 (10)을 L에 적용하려면 제곱근 '$\sqrt{\ }$'가 포함된 L에 대하여 편미분을 해야 하는데 이런 형태에 대한 미분이나 편미분은 간단하지가 않다. 따라서 결과는 똑같으면서 편미분하기가 용이한

$$L^2 = A(r)\dot{t}^2 - B(r)\dot{r}^2 - r^2\dot{\theta}^2 - r^2\sin^2\theta\dot{\phi}^2$$

에 오일러-라그랑주 방정식을 적용한다. 즉 식 (8)은 $L^2 = c^2$, 식 (9)는 $L^2 = 0$으로 나타낼 수 있는데 식 (8)과 식 (9)의 왼쪽 부분에 오일러-라그랑주 방정식을 적용하는 것이다.[12)]

미적분학에서 거리 $d = f(x)$를 최소화하고자 할 때 이론적으로는 d를 미분하여 $d' = 0$으로 두고 가장 짧은 거리를 구한다. 하지만 거리 d에 '$\sqrt{\ }$'가 포함되는 경우 편의상 d 대신 d^2을 미분하여 0으로 놓고 다루는

이치와 같다고 할 수 있다.[13)]

이어지는 4부에서는 '질량에 의한 빛의 휨'을 뉴턴 역학과 일반 상대성 이론으로 어떻게 다루었는지를 살펴본다. 그 전에 일반 상대성 이론으로 문제를 다루는 과정을 단계별로 요약해보사. 부록에 수록된 내용들을 이해하는 데에 도움이 될 것이다.

단계 1. 질량에 의하여 휘어진 시공간의 **선 요소**(ds^2)가 어떻게 주어지는지를 파악하고 선 요소의 계수인 **계량텐서**(g_{uv})를 구한다. 여기서 다루는 질량은 태양이기 때문에 식 (7)에 주어진 선 요소의 형식을 이용한다.

1) 아직 계량텐서 g_{uv}가 무엇인지 밝혀지지는 않았지만 크리스토펠 기호의 정의를 이용하여 **크리스토펠 기호** $\Gamma^{\lambda}_{\mu\nu}$를 구한다.

2) 크리스노펠 기호를 구하면 **아인슈타인 방정식** (2)의 왼편에 주어지는 아인슈타인텐서를 구할 수 있고 이를 아인슈타인 방정식의 오른편(에너지-운동량 텐서를 포함하는 항)과 등식으로 놓고 선 요소의 계량텐서 g_{uv}를 구체적으로 구한다.

단계 2. 계량텐서 g_{uv}를 구하면 선 요소(ds^2)가 완성이 되고 이 완성된 선 요소를 이용하여 가장 짧은 경로를 의미하는 **측지선 방정식**들을 유도하고 이로부터 빛이나 천체의 위치를 알려주는 **궤도방정식**[$\phi(r)$]을 구한다.

1) 측지선 방정식들을 구하기 위하여 무한소 ds를 적분한 ($\int ds = \int L d\tau$)를 직접 미분하여 최소화하는 대신 동일한 결과가 나오는 오일러-라그랑주 방정식 (10)을 수성의 경우는 식 (8), 빛의 경우는 식 (9)의 왼쪽 부분인 L^2에 적용한다.

2) 측지선 방정식들이 나오면 이 방정식들을 다시 식 (8) 또는

식 (9)에 대입하고 정리하여 빛이나 천체의 움직임을 나타내는 2계 미분방정식(두 번 미분한 항이 포함된)을 유도하고 이 미분방정식의 해를 구한다. 이 해가 빛이나 천체의 위치를 알려주는 궤도방정식[$\phi(r)$]이다.[14)]

단계 3. 궤도방정식 $\phi(r)$을 이용하여 별빛의 휨이나 수성의 근일점 이동이 시공간의 굴곡에 의하여 얼마나 일어나는지를 계산한다.

핵심 3

일반 상대성 이론을 이용하여 '질량에 의한 빛의 휨'이나 '수성의 근일점 이동'을 계산하기 위해서는 빛이나 수성의 경로를 나타내는 궤도방정식이 필요하다. 궤도방정식은 2계 미분방정식의 해로 주어지며 이 미분방정식은 시공간이 어떻게 휘어져 있는지를 알려주는 선 요소로부터 유도된 식 $L^2 = 0$ 또는 $L^2 = c^2$으로부터 측지선 방정식들을 유도한 후 얻을 수 있다. 선 요소는 계량텐서를 포함하고 있으며 이 계량텐서를 구하기 위해서는 크리스토펠 기호의 정의를 이용하고 아인슈타인 방정식을 활용한다.

일반 상대성 이론은 질량에 의한 시공간의 휨에 따라서 우주가 돌아간다는 것을 우리에게 말해주고 있다.

4부

질량에 의한 빛의 힘

-뉴턴 역학은 틀리지 않았다-

지금까지 뉴턴 역학이란 무엇인지, 일반 상대성 이론은 어떻게 시작되었는지, 이들과 관련되는 중요한 개념과 식은 무엇인지, 이들은 무엇을 구할 수 있는지 등에 대하여 알아보았다. 4부에서는 논쟁의 첫 번째 주제인 '질량에 의한 빛의 휨'에 내하여 재조명해 보고자 한다. 별빛이 태양 곁을 지나갈 때 얼마나 휘는지 뉴턴 역학과 일반 상대성 이론으로 다룬 과정을 다시 한 번 살펴보고 왜 뉴턴 역학이 틀리지 않았는지를 설명하고자 한다.

이 책의 시작부분에 어떤 문제를 해결하고자 할 때에는 보는 관점, 즉 기준점이 얼마나 중요한지 언급하였다. 다시 한번 기준점에 대한 질문을 던지는 것으로부터 시작하자.

참새가 저 멀리 오른쪽에서부터 시작하여 왼쪽 방향으로 날아가고 있다. 별뚱이는 진공청소기와 같은 장치를 제작하여 날아가는 새를 포획하고자 하였다. 이 장비를 '참새 포획 머신'이라고 하자. 참새는 이 기계로 빨려 들어가지 않기 위하여 안간힘을 쓰며 날았다. 깃털이 많이 빠져나갔지만 운이 좋았든지 참새는 참새 포획 머신으로 빨려 들어가지 않고 다음과 같이 수평선을 기준으로 h 정도 아래로 굽은 경로를 따라 날아갔다.

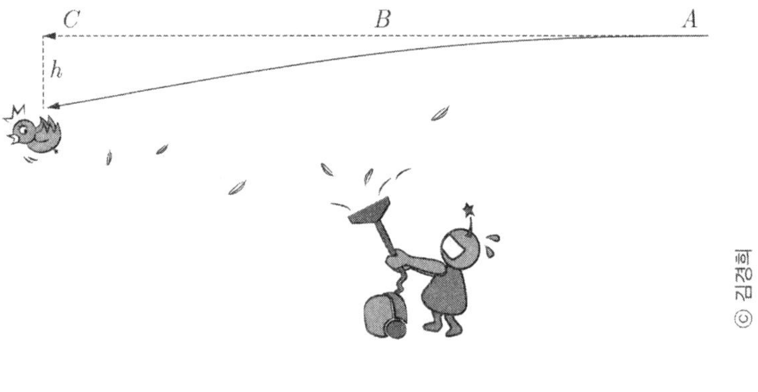

참새는 수평 점선을 기준으로 얼마나 휘어지는 경로를 날았을까? 휜 각도는 얼마일까?

참새가 오른편 멀리 있을 때(A 지점 이전)는 참새 포획 머신의 영향을 거의 받지 않는다고 할 수 있다. 참새가 왼편 멀리 있을 때(C 지점 이후)도 흡입력이 미미하여 참새 포획 머신의 영향을 거의 받지 않는다고 할 수 있다. 그러므로 참새가 영향을 받는 곳은 대부분 A와 C 사이라고 하자.

이 질문에 대하여 어느 누구도 선뜻 나서지 못하고 있는데 독자의 한 친구가 수평선을 기준으로 휜 각(아주 작지만)을 계산해 보니 α도가 나왔다고 한다. 그런데 이 각은 누구의 관점에서인가? 각을 재는 기준점은 어느 곳인가?

만약 A의 관점에서 계산을 했다면 B의 관점에서는 이 책의 앞 부분에서 다루었듯이 약 두 배인 2α가 된다(아래 그림 참조).

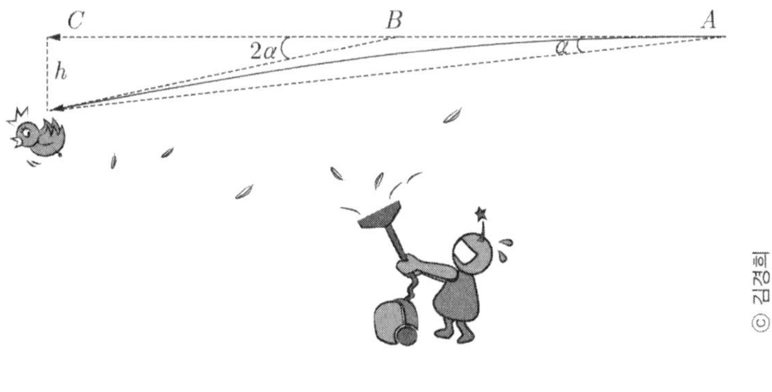

만약 B의 관점에서 계산을 했다면 A의 관점에서는 약 반인 0.5α가 된다. 같은 h이지만 각의 꼭짓점이 어디인가에 따라 휘어진 각의 값은 다르게 나온다. 하지만 한 가지 확실한 것이 있다. **참새는 A 지점에서 휘어지기 시작했지, B 지점에서 휘어지기 시작한 것은 아니라는 점이다.** 4부를 읽을 때에는 이런 점들을 염두에 두도록 하자.

뉴턴 역학으로 중력에 의하여 빛이 어느 정도 휘는지를 계산하기 위해서는 적분 개념이 필요하다. 적분을 한다는 것은 무엇을 의미할까? 적분 개념부터 먼저 간단히 살펴보도록 하자.

적분개념

폐구간 $[a, b]$에 정의된 함수 $f(x)$에 대한 적분을 기호로 다음과 같이 나타내고

$$\int_a^b f(x)dx$$

함수 $f(x)$를 a에서 b까지 적분한다고 표현한다. 이 기호는 독일의 수학자 라이프니츠가 고안하였다. 고등학교에서 배웠겠지만 만약 $f(x) \geq 0$이면 위의 적분은 아래의 그림에서 보듯이 폐구간 $[a, b]$와 함수 $f(x)$의 곡선에 둘러싸인 영역 R의 넓이를 의미한다.

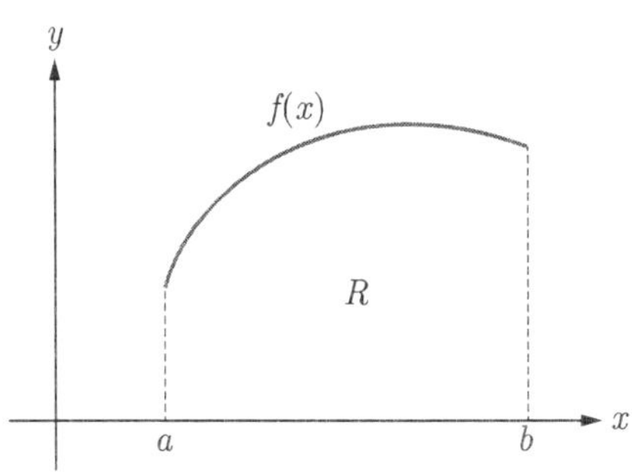

이뿐만 아니라 적분을 이용하면 함수 $f(x)$로 나타내어지는 곡선의 길이도 구할 수 있고[15] 함수 $f(x)$로 나타내어지는 곡선을 x축이나 y축을 중심으로 회전시켰을 때 발생하는 입체의 부피도 구할 수 있다.

여기서 주목할 점은 적분을 할 때 '어디에서 어디까지'라는 시작점 a와 끝점 b가 있다는 것이다. 나중에 다루겠지만 **중력에 의하여 별빛이 휘어진 각을 적분을 이용하여 계산할 수 있는데 적분의 시작점과 끝점은 휘어진 각의 시작변과 끝변에 대응된다.**

적분을 한다는 것은 무엇을 미분하면 $f(x)$가 되는가 하는 '역도함수' 또는 '원시함수' $F(x)$를 구하는 것이다. 즉

$$F'(x) = f(x)$$

를 만족하는 $F(x)$를 구해야 한다. 각 점에서 기울기가 $f(x)$인 원래 함수 $F(x)$를 찾는 것이라고 생각할 수 있다. 그래서 $f(x)$는 함수이지만 어떤 함수의 도함수로 볼 수 있고 $F(x)$는 역도함수라고 부른다. 적분기호로는 다음과 같이 표시하고 '부정적분을 구한다'고 표현한다.

$$\int f(x)dx = F(x) + C$$

여기서 C는 임의의 적분상수이다. 상수를 미분하면 0이 되기 때문에 $F(x)+C$ 역시 $f(x)$의 역도함수라고 할 수 있다.

이제 폐구간 $[a, b]$가 구체적으로 주어지고 이 구간에 정의된 함수 $f(x)$의 적분 값을 구해보자(이를 '정적분'을 구한다고 함). 방법은 간단하다. 역도함수를 구한 후 다음과 같이 폐구간의 양 끝점에 대한 역도함수의 값만 계산하고 빼주면 된다.

$$\int_a^b f(x)dx = F(x)|_a^b = F(b) - F(a)$$

이를 **미적분학의 기본정리**라고 부른다. 위에서 기호 $F(x)|_a^b$는 '$F(x)$를 a에서 b까지 계산한다'는 것을 의미한다.

폐구간 $[1, 4]$에 정의된 상수함수 $f(x) = 2$를 적분해보자. 이 상수함수는 모든 점에서 높이가 2인 수평선으로 나타내어진다. 적분을 한다는 것은 가로가 3이며 세로가 2인 직사각형 형태의 영역 R의 넓이를 구하는 것인데 결과는 6이 나와야 한다.

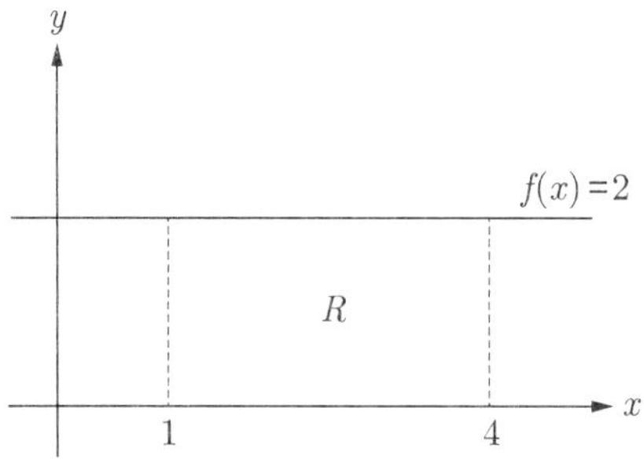

그렇다면 상수함수 $f(x) = 2$의 역도함수는 무엇일까? 어떤 함수가 모든 점에서 기울기가 2일까? 그것은 $F(x) = 2x$이다. 즉, $F'(x) = 2 = f(x)$이다. 따라서

$$\int_1^4 2\,dx = 2x|_1^4 = F(4) - F(1) = (2)(4) - (2)(1) = 6$$

을 얻는다. 이 적분값은 예상한 값과 같다는 것을 알 수 있다.

조금 복잡한 경우를 다루어 보자. 2차원 평면의 원점에서 45도로 올라가는 함수는 $f(x) = x$로 나타낼 수 있다. 폐구간 $[0, 1]$상에서 이 함수의 적분 $\int_0^1 x\,dx$을 구해보자. 예상되는 값은 밑면이 1이고 높이가 1인 이등변삼각형의 넓이인 1/2이다. 먼저 $f(x) = x$의 역도함수는 $F(x) = \frac{1}{2}x^2$이다. $F'(x) = x = f(x)$이기 때문이다. 따라서

$$\int_0^1 x\,dx = \frac{1}{2}x^2|_0^1 = F(1) - F(0) = \frac{1}{2}1^2 - \frac{1}{2}0^2 = \frac{1}{2}$$

을 얻는다. 역시 예상한 값과 똑같은 값이 나온다.

다음 글에서 꼭 필요한 삼각함수 $f(x)=\cos x$의 예를 들어보자. 이를 '코사인' 함수라고 부른다. 코사인 함수는 사인 함수($\sin x$)와 같이 360도(라디안으로 2π) 간격으로 주기성을 가지는 파동함수이다.

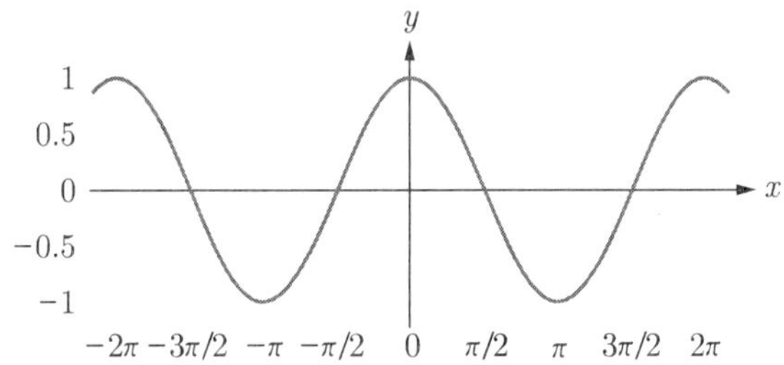

위에서 던진 유사한 질문을 또 다시 던져보자. 폐구간 $[-90°, 90°]=[-\pi/2, \pi/2]$상에서 정의된 코사인 함수의 적분

$$\int_{-\pi/2}^{\pi/2} \cos x\, dx$$

를 구하고자 한다. 이때 코사인 함수 $f(x)=\cos x$의 역도함수는 무엇일까? 어떤 함수를 미분하면 $\cos x$가 나올까? 바로 사인 함수 $F(x)=\sin x$이다. 즉, $F'(x)=\cos x=f(x)$이다. 따라서 $f(x)=\cos x$를 $-90°$에서 $90°$까지 적분을 하면

$$\int_{-\pi/2}^{\pi/2} \cos x\, dx = \sin x|_{-\pi/2}^{\pi/2} = \sin\frac{\pi}{2} - \sin\left(-\frac{\pi}{2}\right) = 1-(-1)=2$$

를 얻는다. $-90°$와 $90°$를 라디안으로 바꾸면 각각 $-\pi/2$rad, $\pi/2$rad이 된다. 삼각함수는 라디안 값을 받아들이기 때문인데 피트를 미터로, 파운드를 킬로그램으로 변환해서 사용하는 것과 같다고 생각하면 된다.

$\cos x$에 상수 M이 곱해져 있을 때는 다음과 같이 상수를 적분기호 밖으로 빼내어 계산한다.

$$\int_{-\pi/2}^{\pi/2} M\cos x\,dx = M\int_{-\pi/2}^{\pi/2} \cos x\,dx = 2M$$

뉴턴 역학에 의한 빛의 휨 계산

빛은 질량이 0인 에너지이지만 아인슈타인의 질량-에너지 등가 원리에 의하여 빛도 질량을 가진다고 간주한다. 사실 빛의 질량이 얼마가 되든 상관없다는 것을 나중에 알게 될 것이다.

태양이 없다면 별빛의 경로는 다음 그림에서 보듯이 오른쪽에 $-\infty$('마이너스 무한대'라 읽는다)로 표시된 먼 곳에서부터 시작하여 왼쪽에 $+\infty$('플러스 무한대'라 읽는다)로 표시된 먼 곳까지 수평 점선을 그릴 것이다. 하지만 별빛의 경로 중간에 질량을 가진 거대한 태양이 존재하기 때문에 태양의 중력에 의하여 별빛의 경로는 그림에 표시된 실선과 같이 아래로 약간 굽어질 것이다.

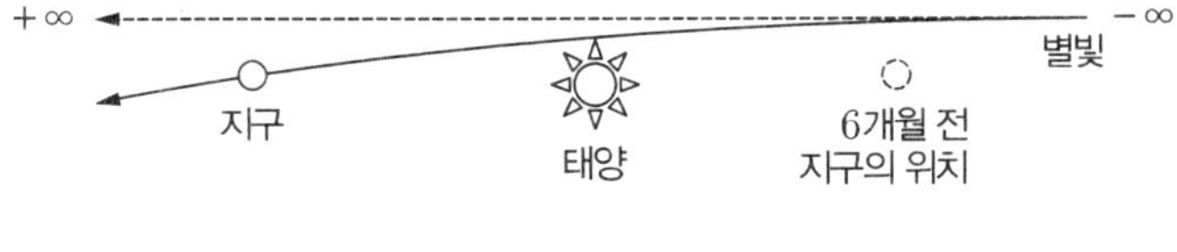

앞에서 참새 포획 머신에 의하여 참새가 휜 경로를 날아가는 것과 같다.

참고로 별빛이 태양에서 멀리 떨어져 있으면 별빛은 태양의 영향을 거의 받지 않는다고 볼 수 있기 때문에 휘는 각의 대부분은 오른쪽에 표시된 6개월 전 지구의 위치와 왼쪽에 표시된 6개월 후 지구의 위치 사이에서 일어난다고 할 수 있다. 그래서 휘는 각을 계산할 때 $-\infty$와 6개월 전 지구의 위치를 구별하지 않고 같은 의미로 쓰도록 하자. $+\infty$와 왼쪽의 지구의 위치도 마찬가지이다.

태양의 중력에 의하여 별빛이 얼마나 휘는지에 대한 실제 관측은 그림의 왼쪽에 있는 지구에서 이루어진다는 것을 상기하자. 오른쪽에 위치한 $-\infty$와 왼쪽에 위치한 지구를 직선으로 연결하고 왼쪽의 지구와 수평 점선 사이의 거리를 h라고 하면 별빛이 오른쪽에서 왼쪽으로 이동하는 동안 태양의 중력에 의하여 거리 h 만큼 벌어졌다고 할 수 있다.

그림 8 별빛이 오른쪽 $-\infty$에서부터 시작하여 왼쪽 $+\infty$로 이동하는 동안 벌어진 간격 h

1800년대에 독일의 졸트너(Soldner)는 태양 주변을 지나가는 빛은 약 0.87″가 휜다는 것을 계산해 내었다고 한다. 사실 태양의 중력에 의하여 별빛이 휘어지는 전체 각(ϕ로 표시함)을 구하기는 쉽지 않다. 그래서 그림 9와 같은 도식을 이용한다(이 책의 부록 E 참조).

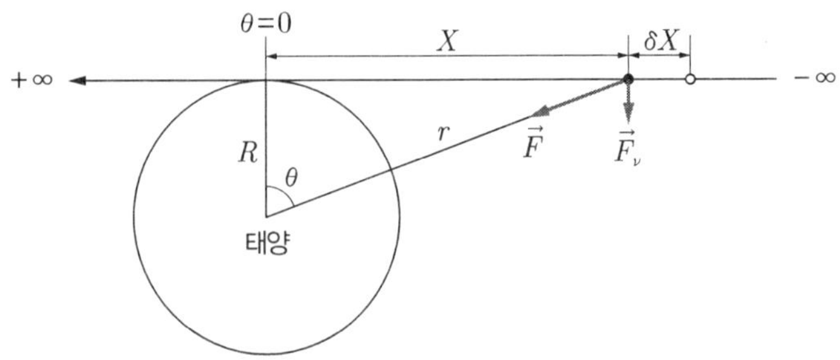

그림 9 별빛이 $-\infty$에서부터 시작하여 $+\infty$로 이동하는 동안 태양의 중력 $\vec{F}$에 의하여 휘어짐

참고로 보통 힘을 나타내는 벡터는 $\vec{F}$로 표시하고 힘의 크기는 화살표 없이 F로 표시한다.

별빛(작은 동그란 점)이 $-\infty$에서 태양 곁을 지나 $+\infty$까지 진행할 때 위 그림에 있는 θ('세타'라고 읽는다)의 값은 $-90°$(태양의 중심에서 오른쪽 수평선)에서 0도(태양의 중심에서 수직선)를 거쳐 $90°$(태양의 중심에서 왼쪽 수평선)에 이른다. θ의 값이 $-90°$라는 것은 별빛의 위치가 $r=-\infty$, θ의 값이 0도라는 것은 별빛의 위치가 태양 바로 위에 있을 때 $(r=R)$, θ의 값이 $90°$라는 것은 별빛의 위치가 $r=+\infty$라는 것을 의미한다.

별빛이 태양을 지나갈 때 태양의 중력 F에 의하여 별빛의 경로가 아래로 휘는데, 다음 그림과 같이 휘어진 전체 각 ϕ를 얻기 위한 한 가지 방법은 θ의 값이 $-90°$에서 $90°$로 변할 때(별빛이 $-\infty$에서 ∞로 움직일 때) ϕ를 θ에 대한 표현으로 다시 나타내어 이 θ에 관련되는 함수를 적분하는 것이다. (θ의 값이 $-90°$일 때는 각 ϕ의 시작변을 의미하고, θ의 값이 점점 커져 0도를 지나고 $90°$에 다가가면 각 ϕ의 끝변에 다가감을 의미한다.)

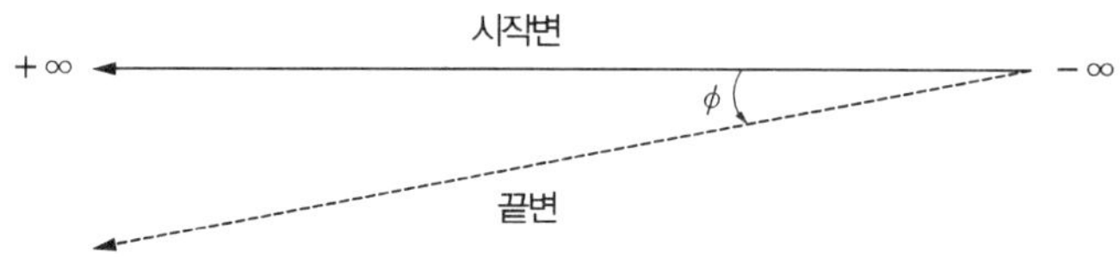

구체적으로 함수

$$f(\theta) = \frac{GM}{Rc^2}\cos\theta$$

을 $\theta = -90°(-\pi/2\ \text{rad})$에서 $\theta = 90°(\pi/2\ \text{rad})$까지 적분하면 다음과 같

이 태양의 중력에 의하여 별빛이 휘어진 전체 각 ϕ가 나온다.

$$\phi = \int_{-\frac{\pi}{2}}^{\frac{\pi}{2}} f(\theta)\, d\theta = \frac{GM}{Rc^2} \int_{-\frac{\pi}{2}}^{\frac{\pi}{2}} \cos\theta\, d\theta = \frac{2GM}{Rc^2} = 0.875''$$

여기서 G는 만유인력 상수, M은 태양의 질량, R은 태양의 반지름, c는 빛의 속도이다. $\frac{GM}{Rc^2}$은 상수이기 때문에 적분 기호 밖으로 빼냈으며 앞에서 이미 다루었듯이 $\int_{-\pi/2}^{\pi/2} \cos x\, dx = 2$를 적용하였다.

휘어지는 각 ϕ을 계산할 때 한 가지 중요한 점이 있다. 그것은 빛의 질량 m이 포함되지 않는다는 사실이다. 태양의 중력에 의하여 별빛이 휘어지는 각을 유도하는 과정에서 빛의 질량 m은 분자와 분모에 동시에 나타나 서로 상쇄되어 사라진다. 이것은 무엇을 의미하는가? **빛의 질량이 크든, 작든, 아주 작든, 거의 없든 상관없이 태양의 중력에 의하여 빛이 휘어진다는 것**이다.

휘어진 각 $\phi = 0.875''$를 어떻게 얻었는지 자세히 살펴보자. 관련되는 값들을 대입하면

$$\phi = \frac{2GM}{Rc^2} = \frac{2(6.674 \times 10^{-11} \frac{Nm^2}{kg^2})(1.989 \times 10^{30} kg)}{(6.957 \times 10^8 m)(3.0 \times 10^8 \frac{m}{s})^2}$$
$$= 4.246 \times 10^{-6} rad$$

이 나온다. 이를 각초로 바꾸면

$$\phi = 4.246 \times 10^{-6}\, rad \times \frac{180°}{\pi\, rad} \times \frac{3600''}{1°} = 0.875''$$

가 된다.

적분에 대한 분석

휘어진 각 ϕ를 얻기 위하여 적분 $\int_{-\frac{\pi}{2}}^{\frac{\pi}{2}} \cos\theta\, d\theta$를 계산했다. 이것은 θ의 값이 $-\pi/2$에서 $\pi/2$까지를 의미한다(다음 그림 참조).

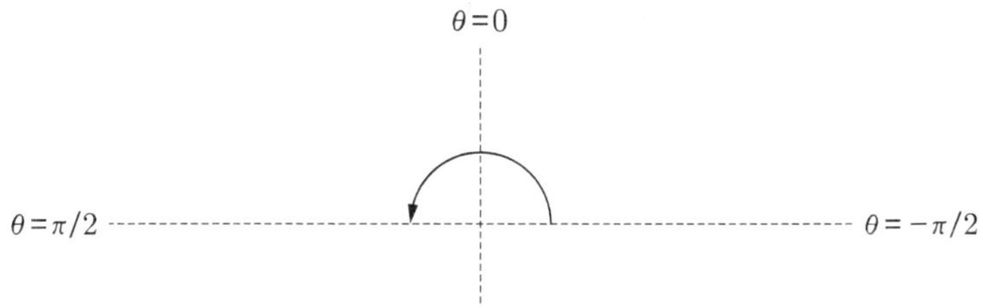

따라서 ϕ의 값은 그림 10에서 보듯이 별빛이 아주 먼 오른편($-\infty$)에서 아주 먼 왼편($+\infty$)으로 이동하는 동안 태양에 의해서 휘어진 전체 각이다. 각의 꼭짓점은 오른편의 $-\infty$이고 수평 접선이 각의 시작변이며(위 적분의 시작점 $-\pi/2$에 해당됨) 아래로 비스듬히 내려오는 접선이 각의 끝변이라고 볼 수 있다(위 적분의 끝점 $\pi/2$에 해당됨). **뉴턴 역학으로 계산한 값은 바로 이 ϕ이다**. 한 가지 매우 중요한 사실이 있다. 그것은 **별빛은 태양이나 태양 근처에서 휘어지기 시작하지 않았다는 것**이다.

그림 10 별빛이 $-\infty$에서 $+\infty$로 이동할 때 태양의 중력에 의하여 별빛이 휘어지는데 뉴턴 역학으로 구한 휘어진 각은 $-\infty$가 꼭짓점이 되는 ϕ이다.

그리고 앞에서도 다루었지만 별빛의 휨은 오른쪽의 6개월 전 지구의 위치와 왼쪽의 6개월 후 지구의 위치 사이에서 주로 일어나기 때문에 각의 꼭짓점은 오른쪽의 6개월 전 지구의 위치라고도 할 수 있다.

실제 관측 결과

그렇다면 실제 관측 결과는 어떻게 나왔을까? 사람들은 일반 상대성 이론이 발표된 후 실제로 중력에 의하여 빛이 휘는지, 휜다면 얼마나 휘는지가 궁금했다. 그래서 영국왕립천문학회는 질량이 작으면 빛의 휨은 아주 미미하기 때문에 질량이 큰 태양을 이용하여 빛의 휨 현상을 관측하기로 결정하고 1918년 3월에 두 팀의 천문관측팀들을 파견했다. 한 팀은 브라질에 있는 수브랄로 떠났으며 다른 팀은 아프리카 서부 해안의 프린시페 섬으로 갔다. 프린시페 팀은 에딩턴이 이끌었다. 1919년 5월 29일의 개기일식 때 수브랄 팀과 프린시페 팀은 여러 장의 사진을 찍었다.

왜 개기일식 때 관측을 하였을까? 그 이유는 다음과 같다. 별빛의 휘어짐을 관측하기 위해서는 태양의 뒤편에 위치한 별에서 나오는 빛을 보아야하는데 태양의 빛이 너무 강하여 별빛이 잘 보이지 않는다. 그래서 관측팀은 다음 그림과 같이 개기일식이 일어나기 6개월 전, 지구가 태양의 반대편에 있을 때 별들의 실제 위치를 미리 파악해 놓았다(다음 그림의 오른쪽).

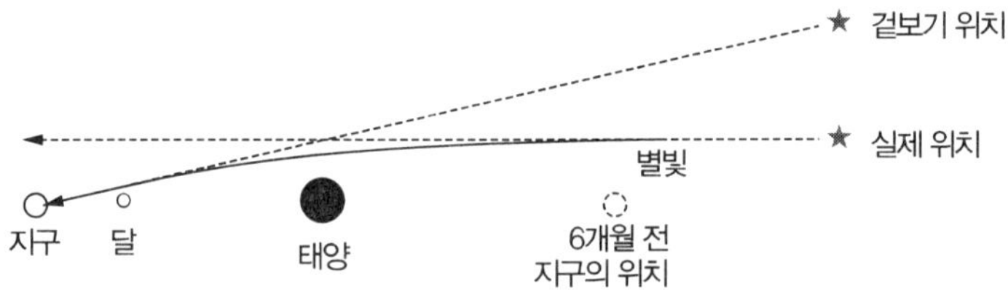

6개월 후(위 그림의 왼쪽), 달이 태양을 가리는 개기일식 때 그들은 사진을 찍었다. 일식이 일어나는 동안에는 태양이 달에 가려져 낮인데도 밤처럼 어두워서 천체의 관측이 가능해지기 때문이었다. 만약 태양의 중력에 의하여 별빛이 휘어진다면 이를 지구의 관측자가 보면 별의 실제 위치가 아닌 '겉보기' 위치가 주어진다. 실제 위치와 겉보기 위치가 어긋난다면, 별빛은 태양의 질량에 의하여 휘어진다는 것을 의미하고 별의 실제 위치와 겉보기 위치를 비교하면 어느 정도 휘어지는지를 알 수 있다.

두 팀이 찍은 사진의 상태는 썩 좋은 것은 아니었지만 사진을 분석해 본 결과, 아인슈타인이 주장한 대로 별빛이 휘어지는 것을 확인하였으며 수브랄 팀에 의한 빛의 휨 측정치는 평균 1.98″, 프린시페 팀에 의한 측정치는 평균 1.62″였다. 지구에서 관측이 이루어졌기 때문에 두 팀이 측정한 각은 다음 그림에서 보듯이 β가 된다. 각의 꼭짓점이 태양 바로 위쪽(또는 그냥 태양이라고 함)이라는 것이다. 왼쪽의 지구와 수평 점선 사이의 거리는 h이다.

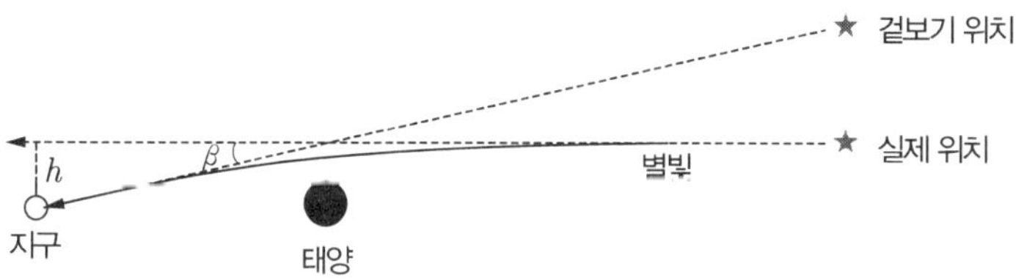

그림 11 천문관측팀이 별빛의 휨을 관측하였다. 지구에서 휜 각을 관측했다는 것은 꼭짓점이 태양 근처(태양이라고 할 수 있음)인 각 β를 구했다는 것이다.

다음은 천문관측팀에 의하여 실제로 관측한 결과들이다. 왼쪽은 개기일식을 보여주는 그림이고 오른쪽은 별의 원래 위치와 겉보기 위치를 나타낸다. 작고 검은 동그란 점들이 원래 별들의 위치이며 화살표 끝 부분이 실제 위치보다 바깥쪽에 위치하는 별들의 겉보기 위치이다.

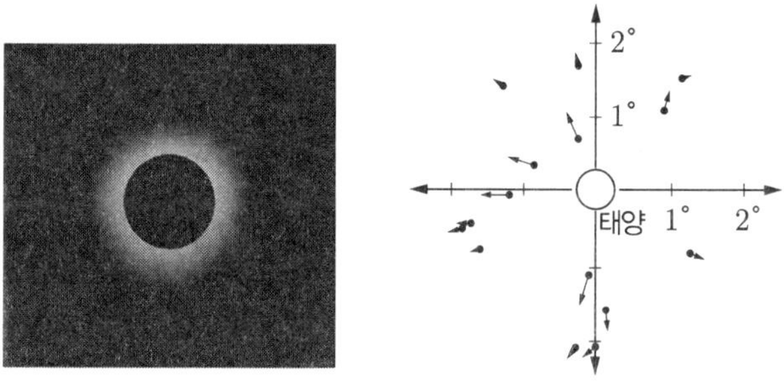

이후 여러 다른 과학자들에 의하여 더욱 정밀한 측정이 이루어졌고 지금은 태양에 의한 빛의 휨은 $\beta = 1.75''$로 받아들이고 있다. 실제로 관측한 값은 뉴턴 역학으로 계산한 값 $0.875''$보다 두 배가 된다.

그렇다면 뉴턴 역학에 결함이 있을까? 물론 아니다. 이를 밝히기 전에 일반 상대성 이론에 의한 값은 어떻게 계산했는지 살펴보자.

일반 상대성 이론에 의한 빛의 휨 계산

아인슈타인은 중력에 의해 빛이 휘어진다는 것을 예언했다. 그뿐만 아니라 멀리 떨어진 별에서 온 빛이 태양 근처를 지나갈 때 일반 상대성 이론으로 휘어진 각을 계산해 본 결과, 놀랍게도 $1.75''$가 나왔다. 실제로 관측한 값과 일치했던 것이다. 이렇게 똑같은 값이 나온 이유를 아인슈타인은 별빛이 태양 근처를 지나갈 때 중력에 의해서 휘는 것이 아니라 태양의 질량이 태양 주위의 시공간을 휘게 하고 그 휜 시공간을 지나가기 때문이라고 했다.

먼저, '누굴 놀리나' 하는 생각이 들 수 있지만 너무나 중요한 질문을 하나 던지도록 하자.

믹서에 과일, 꿀, 그리고 물을 넣고 갈면 과일 주스가 만들어진다는 것은 누구나 잘 알고 있다. 이제 두 종류의 믹서가 있다고 하자. 오래 전에 나온 '수동' 믹서와 최근에 나온 '전기' 믹서이다. 수동 믹서는 과일, 꿀, 물을 넣은 후에 믹서 옆에 부착된 핸들을 잡고 손으로 힘껏 돌려서 갈아야 하고, 전기 믹서는 버튼을 누르면 전기의 힘에 의해서 자동으로 갈린다.

이제, 수동 믹서에 토마토, 꿀, 물을 넣고 갈았다. 그리고 전기 믹서에도 토마토, 꿀, 물을 넣고 갈았다. 양쪽 모두 똑같은 양을 사용하였다. 그러면 각각의 믹서에서 어떤 주스가 만들어지는가? 정답은 물론 두 경우 모두 토마토 주스이다. 가는 방법은 다르지만 재료가 같다면 같은 결과가 나오는 것이 당연하다.

별빛이 태양 곁을 지나갈 때 태양의 질량에 의해서 빛이 휘는 각을 두 가지 방법으로 계산하였다고 했다. 바로 중력을 이용한 뉴턴 역학 방법과 시공간의 휨을 이용한 일반 상대성 이론 방법이다. 토마토 주스를 만들기 위하여 두 가지 믹서를 사용하였듯이 빛의 휜 각을 계산할 때 두 가지 방법을 사용하였다는 것이다. 그러면 휜 각을 계산하기 위하여 어떤 재료를 사용했을까? 두 방법 모두 똑같은 재료를 사용하였다. 태양의 질량, 빛의 에너지(질량) 등. 일반 상대성 이론에 의한 방법은 뉴턴의 중력 효과를 시공간의 기하학으로 나타내었을 뿐이다. 특별이 사용한 것도 없다. 그렇다면 두 방법에 의한 결과는 똑같아야 한다. 그런데 다르게 나왔다. 그러면 두 방법 중 하나는 틀린 것이어야 한다. 학자들은 뉴턴 역학 방법이 틀렸고 일반 상대성 이론 방법이 옳다고 주장했다. 그래서 최후의 승자는 아인슈타인의 일반 상대성 이론 방법이었다.

하지만 뉴턴 역학은 틀리지 않았다. 뉴턴 역학에는 아무런 결함이 없다. 저자가 이렇게 주장하는 이유는 무엇일까? 지금부터 일반 상대성 이론은 어떻게 해서 1.75″가 나왔는지 두 가지 접근 방법을 이용하여 살펴보도록 하자.

일반 상대성 이론에서는 물체나 빛은 휘어진 시공간의 측지선을 따라 움직인다고 한다. **측지선**(geodesic)이란 곡면 위에 있는 두 점 사이의 가장 짧은 거리를 나타내는 경로이다. 따라서 시공간의 휨은 태양 주변의 측지선의 경로가 얼마나 휘는지를 알아보면 된다. 예를 들어 곡면이 평면일 경우에 측지선은 직선이다.

그러므로 두 방법의 핵심은 앞에서도 다루었지만 선 요소로부터 측지선 방정식을 유도하고 이들을 이용하여 '궤도방정식'을 구해내는 것이다. (중력에 의하여 자유낙하 하는 경우의 측지선 방정식에 대한 유도는 이 책의 부록 F를 참조하기 바란다.) **궤도방정식**이란 물체가 어떤 경로를 따라 움직이는지를 나타내는 방정식으로 대개 태양에서의 거리 r에 대하여 어떤 각도로 휘어서 돌아가는지를 알려주는 함수 ϕ로 표현된다. 이 궤도방정식을 구하면 빛이 얼마나 휘는지 알 수 있다.

측지선 방정식으로부터 궤도방정식이라는 것을 유도한다고 하는 의미를 쉽게 이해하기 위하여 완벽하지는 않지만 간단한 예를 들어보자. 반지름이 r인 원 위를 생각하자. 곡선이 원인 경우, 선 요소는 $ds^2 = r^2 d\theta^2$로 주어진다. 따라서 원 위의 두 점 P와 Q 사이의 무한소 거리는

$$ds = r d\theta$$

라고 할 수 있다. 이 ds가 바로 원 위에서의 측지선이다.

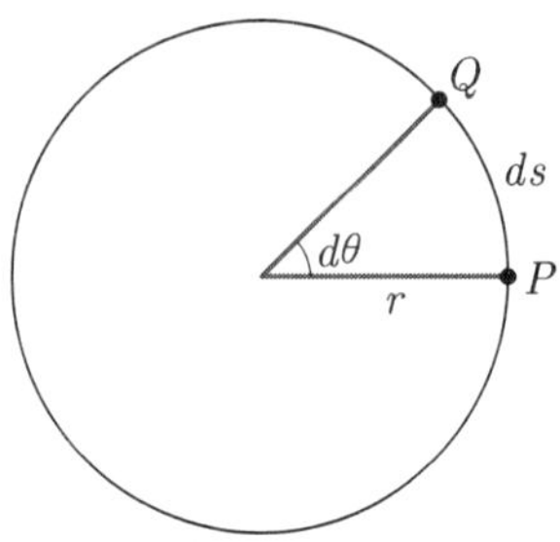

만약 어떤 물체가 P에서 Q로 움직인다면 이 물체의 위치를 알려주는 궤도방정식을 측지선 방정식으로부터 구해낼 수 있다.

r을 위의 식 양변에 나누면 $d\theta = \frac{1}{r} ds$가 되고 양변을 (시간에 대하여) 적분하면

$$\theta = \frac{1}{r} s$$

가 된다. 단순하지만 이 방정식을 궤도방정식이라고 할 수 있다. r의 값

이 주어지면 θ의 값을 알 수 있고, 역으로 θ의 값이 주어지면 r의 값을 알 수 있어 물체의 위치를 알 수 있다.

이제 본론으로 들어가자.

첫 번째는 이종필의 《일반 상대성 이론 강의》에서 나오는 내용이다. 아인슈타인 방정식을 이용하여 태양의 질량에 의하여 구부러진 시공간의 선 요소 (7)을 구하고 이로부터 측지선 방정식들을 유도하여 별빛에 대한 궤도방정식 $\phi(r)$을 구했다고 하자.[16)]

그림 12에서 보듯이 별빛이 오른쪽 위에서 사선 형태로 비스듬히 내려와 태양 곁을 지나 왼쪽 아래로 휘어져 지나갈 때 휜 전체 각은 $\Delta\phi$로 나타내었다(뉴턴 역학에서는 휘어진 각을 기호 ϕ로 나타내었음). 이 휜 각 $\Delta\phi$의 꼭짓점은 태양 가까이에 있다.

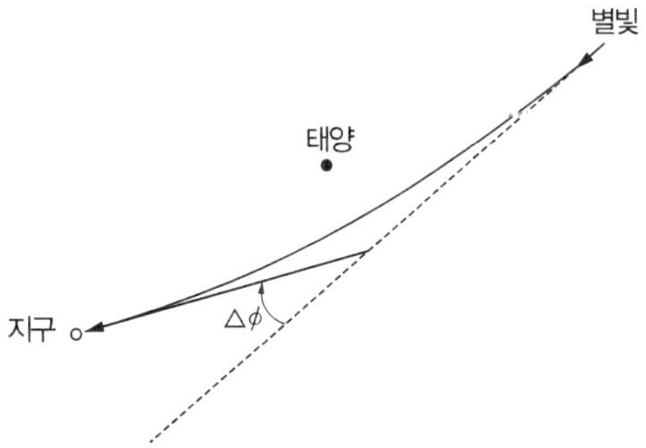

그림 12 일반 상대성 이론으로 구한 휘어진 각은 태양 근처 (태양이라고 할 수 있음)가 꼭짓점이 되는 $\Delta\phi$이다.

또한 다음 그림과 같이 별빛과 태양 사이의 거리를 r, 별빛이 태양을 가장 가깝게 지나갈 때의 거리를 r_0라고 하자. (실제 관측을 할 때나 이론적인 계산을 할 때 태양과 가장 가깝게 지나가는 별빛 사이의 거리는 태양의 반지름 R을 사용한다.) 수평 접선을 기준으로 이들이 이루는 각들을 각각 $\phi(r), -\phi(r_0)$라고 표시하자. 전자는 반시계방향이고 후자는 시계방향이다. 각 ϕ_∞는 수평 점선과 비스듬하게 사선으로 내려오는 점선(태양이 없을 때 예상되는 별빛의 경로) 사이의 각이다. 그리고 왼쪽의 지구와 비스듬하게 사선으로 내려오는 점선 사이의 간격을 h라고 하자.

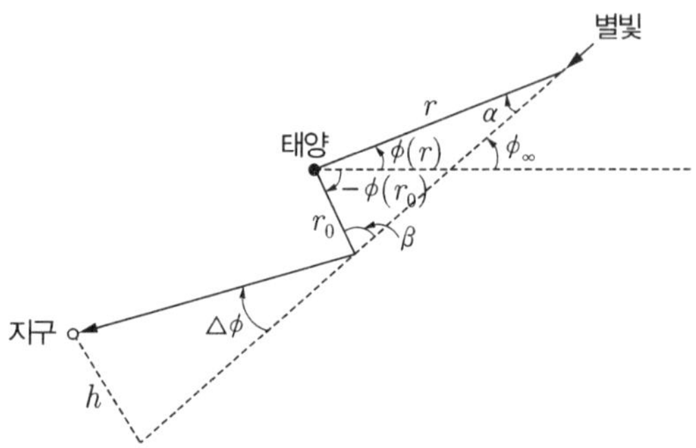

먼저 각 β를 구해보자. 삼각형의 내각의 합은 $\pi = 180°$가 되고 '맞각은 같다'는 성질을 이용하면 $\beta + (-\phi(r_0)) + \phi_\infty = \pi$를 만족하고(한 꼭짓점의 각이 β인 삼각형을 이용하였음) 정리하면

$$\beta = \pi - (\phi_\infty + (-\phi(r_0))$$

가 된다. 별빛이 휘어질 때 길이가 r_0인 선분을 중심으로 대칭적으로 휘어진다는 것과 수평선의 각은 π가 됨을 이용하면

$$\begin{aligned}\Delta\phi &= \pi - 2\beta \\ &= \pi - 2(\pi - (\phi_\infty + (-\phi(r_0)))) \\ &= 2(\phi_\infty + (-\phi(r_0))) - \pi\end{aligned}$$

가 됨을 알 수 있다. 그리고 $\phi(r_0)$는 음의 각이기 때문에 $(\phi_\infty + (-\phi(r_0))$를 절대치를 이용하여 $|\phi(r_0) - \phi_\infty|$로 나타낼 수 있다.[17] 그러므로 위의 식은

$$\Delta\phi = 2|\phi(r_0) - \phi_\infty| - \pi$$

가 된다.

휘어진 전체 각 $\Delta\phi$는 $|\phi(r_0) - \phi_\infty|$의 계산이 관건인데 구해 놓은 궤도 방정식 $\phi(r)$에 r_0를 대입하여 얻을 수 있다. 최종적으로 일반 상대성 이론에 의한 결과, 태양의 질량에 의하여 시공간이 구부러져 있기 때문에 나온 결과는 다음과 같다.

$$\Delta\phi = 2|\phi(r_0) - \phi_\infty| - \pi = \frac{4MG}{r_0 c^2} = 1.75''$$

여기서 M은 태양의 질량, G는 중력상수, c는 빛의 속도, $r_0 = R$이다.

두 번째로 D'Inverno의 책 《Introducing Einstein's Relativity》에 나오는 내용을 그림을 이용하여 살펴보자(p. 200). 결과는 앞의 경우와 똑같다. 왼쪽 아래에 있는 별에서 나온 빛이 휘어진 경로를 따라 오른쪽 아래에 있는 관측자의 눈으로 들어온다(그림 13). 별의 거짓 위치는 왼쪽 윗부분이다. 태양의 중심과 별빛 사이의 거리를 r로 나타내면 각을 나타내는 ϕ는 r에 대한 함수이다. D'Inverno의 책에서는 반대로 r을 ϕ에 대한 함수로 나타내어 다룬다. 이 함수 r이 시공간의 측지선으로부터 유도해낸 궤도방정식이며, 별빛이 태양 곁을 지나갈 때 별빛의 위치를 알려준다.

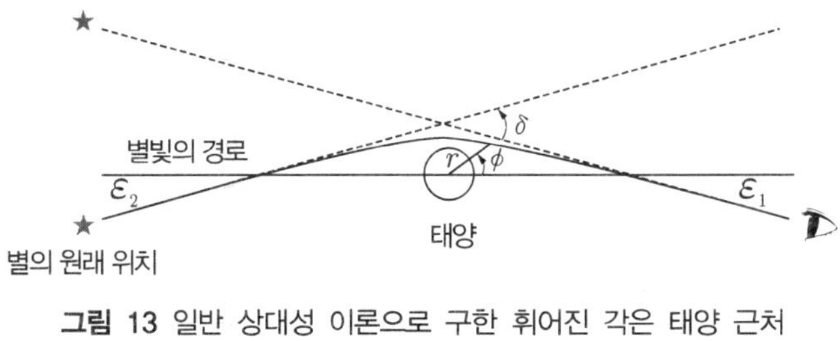

그림 13 일반 상대성 이론으로 구한 휘어진 각은 태양 근처(태양이라고 할 수 있음)가 꼭짓점이 되는 δ이다.

태양이 없다면 왼쪽 아래에 있는 별에서 방출된 빛이 오른쪽 방향으로 비스듬하게 일직선을 그리며 올라갈 것이다. 하지만 일반 상대성 이론에 의하면 태양 주위의 시공간이 휘어져 별빛은 이 휘어진 시공간(진한 곡선)을 따라 움직이다가 관측자의 눈으로 들어간다. 그래서 그림 13에서 보듯이 휘어진 전체 각은 $\delta = \epsilon_1 + \epsilon_2$로 주어진다. 구체적으로 계산하면

$$\delta = \frac{4GM}{c^2 D} = 1.75''$$

가 나온다. 여기서도 각 ϕ나 δ의 꼭짓점은 태양 근처 또는 태양이 된다. D는 별빛이 태양 곁을 가장 가까이 지나갈 때의 거리이다. 실제로 계산할 때는 별빛은 태양 곁을 스쳐 지나간다고 생각하기 때문에 D를 태양의 반지름인 R로 둔다. 앞에서 다루었듯이 물체가 별빛이기 때문에 식 (9)를 이용하여 결과를 도출하는데 자세한 과정은 이 책의 부록 G를 참조하기 바란다.

차이는 각의 꼭짓점에 있다

실제 관측한 값(그리고 일반 상대성 이론에 의한 방법)과 뉴턴 역학에 의한 방법 사이에 왜 차이가 날까? 왼쪽의 지구에서 수평 점선까지의 거리, 즉 휘어진 간격을 h라고 하자. 뉴턴 역학에 의한 별빛의 휘어짐 정도는 $\phi = 0.875''$였다.

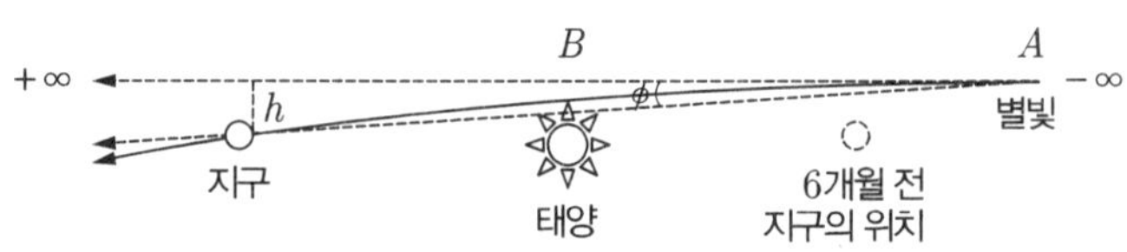

이 경우, 각도의 꼭짓점은 오른쪽 저 멀리 $-\infty$인 점 A이다. 또는 6개월 전 지구의 위치라고 할 수 있다. **태양 또는 태양 근처가 아니다!** 별빛이 휘어져 벌어진 간격 h는 태양 근처인 점 B에서 휘어지기 시작하여 나온 것이 아니다.

이종필의 《상대성이론 강의》에서 일반 상대성 이론에 의한 별빛의 휘어짐 정도는 $\Delta\phi = 1.75''$였다. 이 경우에 각의 꼭짓점은 태양 가까이에 있는 점 B이다.

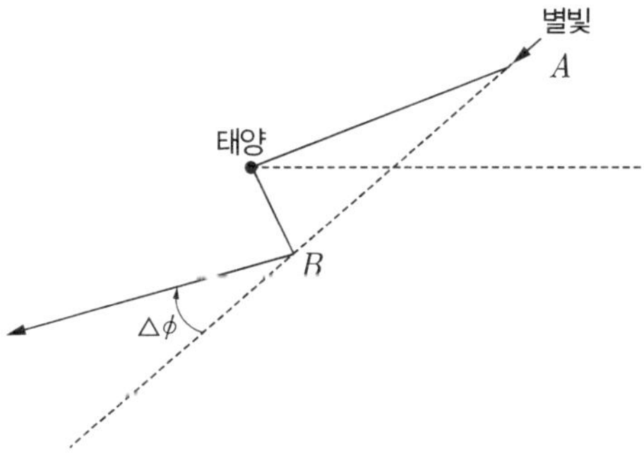

만약 각의 꼭짓점이 뉴턴 역학처럼 점 A이었다면 전체 휜 각은 $\Delta\phi' = \Delta\phi/2 = 0.875''$으로 주어진다.

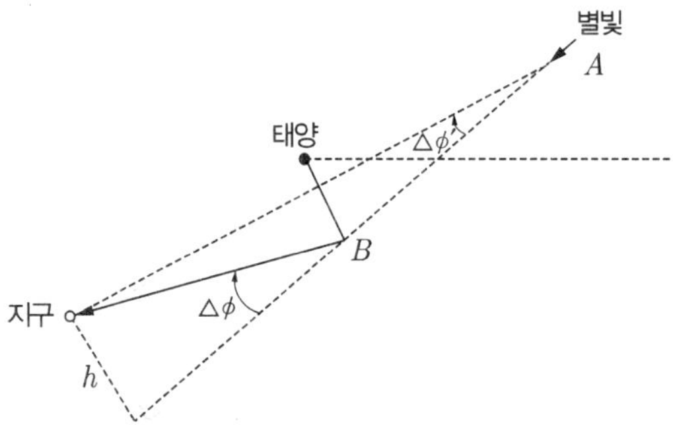

D'Inverno의 책 《Introducing Einstein's Relativity》에서 일반 상대성 이론에 의한 별빛의 휘어짐 정도 역시 $\delta = 1.75''$였다. 이 경우, 각의 꼭짓점 또한 태양 가까이에 있는 점 B이다.

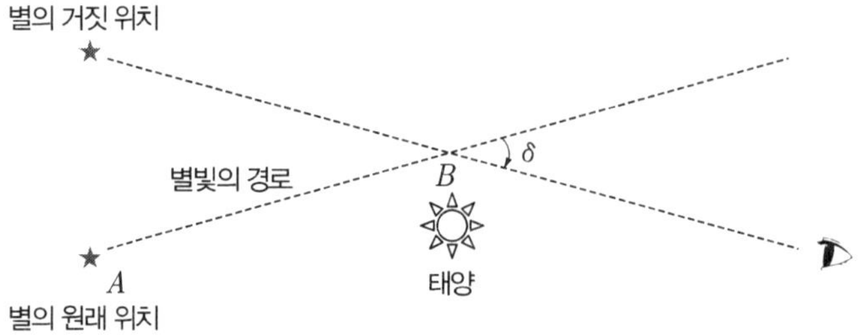

오른쪽의 지구(관측자의 눈)와 비스듬하게 올라가는 점선 사이의 거리는 역시 h이다. 만약 각의 꼭짓점이 뉴턴 역학처럼 점 A이었다면 전체 휜 각은 $\delta' = \delta/2 = 0.875''$으로 주어진다.

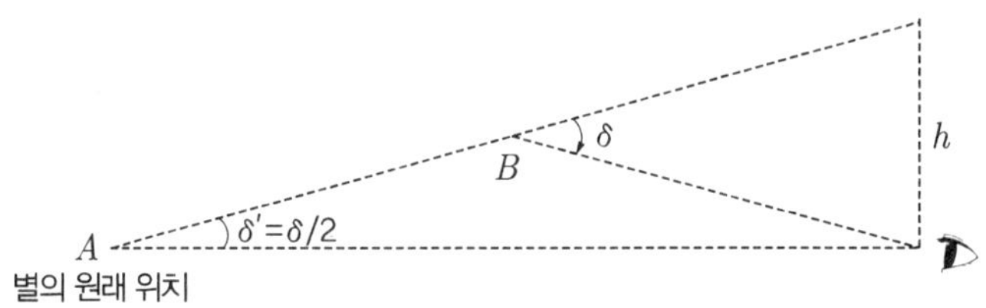

위의 두 경우 모두 별빛은 태양을, 태양 가까이 있는 점을 기점으로 휘어지기 시작하지 않았음에 유의하자. 그리고 실제 관측이 지구에서 이루어졌다는 것은 휘어진 전체 각의 기준점은 태양 또는 태양 근처인 점 B라는 것을 의미한다.

종합하면 **실제관측과 일반 상대성 이론에 의한 방법은 모두 B가 기준점이 되고 뉴턴 역학의 기준점은 A이다.** 앞에서도 다루었지만 휘어진 간격이 h일 때, A가 B보다 길이가 h인 선분으로부터 두 배 더 멀리 있기 때문에 휘어진 각도 절반인 0.875″로 주어졌다. 만약 뉴턴 역학의 기준점을 B로 옮기면 휘어진 전체 각은 똑같은 1.75″가 된다. 이제 뉴턴 역학에 의한 빛의 휨은 다음과 같이 설명할 수 있다. **각의 꼭짓점을 A라고 할 때는** 0.875″, **B라고 할 때는** 1.75″**가 휜다고**. 5부에서 수성의 근일점 이동을 다룰 때 이 둘을 자연스럽게 번갈아 가며 사용할 것이다.

그러므로 뉴턴 역학이 잘못된 것이 아니다. 뉴턴 역학은 중력을 이용하여 별빛의 휨 정도를 정확하게 계산하였다. 시공간의 휨도 필요하지 않았다. 잘못되었다면 일반 상대성 이론의 발상이다. 물질과 에너지에 의하여 휘어지지도 않는 시공간을 휘어진다고 생각하고 아인슈타인 방정식을 만들었기 때문이다.

잠시 쉬어 가기

특이한 사람이 있다. 이름은 '매덩'이다. 매력 덩어리인 사람을 줄인 말이다. 이 사람은 카리스마가 워낙 강하고 매력이 철철 넘쳐 사람들뿐만 아니라 주위의 거의 모든 것을 자신에게로 끌어 들인다. 심지어 주위의 공간까지 휘게 만든다. '매덩'이가 가지는 매력에 의한 힘을 바탕으로 공간이 어느 정도 휘는지 계산까지 가능하다. 다른 사람이 근처에 있으면 휜 공간의 최단 거리로 '매덩'에게로 끌려간다. 이 이야기를 듣는 사람은 어느 정도 공감할 수 있을까?

사실 아무리 엄청난 매력이라도 '매력'은 공간을 휘게 할 수 없다. 매력에 의하여 공간은 휘지 않는다. 하지만 매력이라는 힘에 의하여 끌리는 상황을 '매력은 공간을 휘게 하고 휘어진 공간이 다른 사람을 끈다'고 착각은 할 수 있다. 지구나 태양의 질량도 마찬가지다. 질량은 만유인력이라는 힘으로 다른 질량을 끌어당길 수는 있어도 공간을 휘게 할 수는 없다.

핵심 4

태양 곁을 지나가는 별빛이 태양에 의하여 얼마나 휘는지를 과학자들은 실제 관측, 뉴턴 역학, 일반 상대성 이론 방법으로 구하였다. 그 결과, 지구에서 실제 관측한 값은 1.75″인데 태양의 중력을 이용한 뉴턴 역학은 실제 값의 반인 0.875″가 나왔다. 반면에 시공간이 질량에 의하여 휜다는 일반 상대성 이론을 이용하여 계산해보니 실제 관측한 값과 같은 1.75″가 나왔다.

이런 차이가 난 이유는 뉴턴 역학이 잘못된 것이 아니라 뉴턴 역학으로 계산을 할 때 각을 재는 꼭짓점(태양으로부터 멀리 떨어져 있는 $-\infty$)이 실제로 관측할 때의 꼭짓점(태양 또는 태양 근처)과 달랐기 때문이다. 꼭짓점을 태양이라고 하면 실제 관측한 값과 일치한다. 이는 시공간이 휘어져 있지 않아도 중력만으로 별빛의 휨을 정확하게 구할 수 있다는 것을 뜻한다.

일반 상대성 이론으로 계산한 각의 꼭짓점은 다행히 태양이었다. 그렇지만 일반 상대성 이론은 질량에 의하여 휘어지지도 않는 공간을 휘어진다고 믿고 전개한 이론이다.

5부

수성의 근일점 이동 43"에 대한 새로운 풀이

수성은 태양을 공전할 때 타원궤도를 그린다. 태양은 타원의 중심에 위치하는 것이 아니라 타원의 장축을 따라 중심에서 약간 벗어나 있다. 그래서 수성은 타원 궤도를 돌 때 태양과 가장 가까운 점인 '근일점', 태양과 가장 먼 점인 '원일점'을 지나가게 된다.

태양 주위에는 가까운 순서대로 수성, 금성, 지구, 화성, 목성 등 다른 행성들이 태양을 중심으로 돌고 있다. 그런데 태양과 이런 다른 행성들의 중력에 의하여 수성은 동일한 타원 궤도를 돌지 않고 공전할 때마다 다음 그림과 같이 수성의 근일점이 조금씩 앞으로 이동한다.

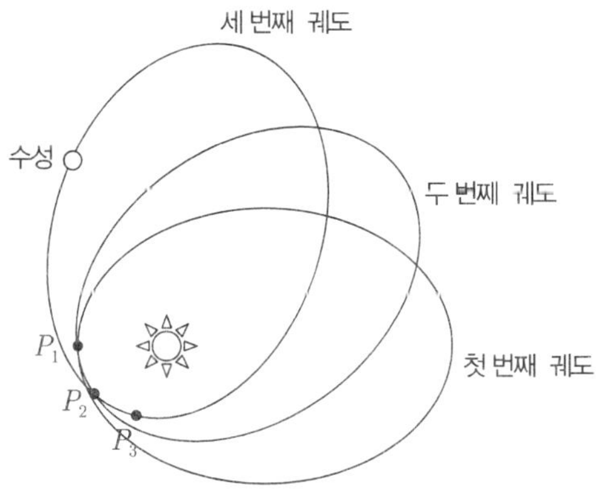

첫 번째 궤도에서의 근일점이 P_1이라면 두 번째 궤도에서의 근일점은 앞으로 조금 더 진행된 P_2가 되고 세 번째 궤도에서의 근일점은 P_3이 된다. 이렇게 계속 진행되는 것을 수성의 **세차운동**이라고 한다.

참고로 태양과 수성의 근일점 사이의 거리는 4600만km이고, 태양과 수성의 원일점 사이의 거리는 6982만km이다. 타원의 긴반지름(타원의 중심에서 원일점까지)은 5791만km이다.

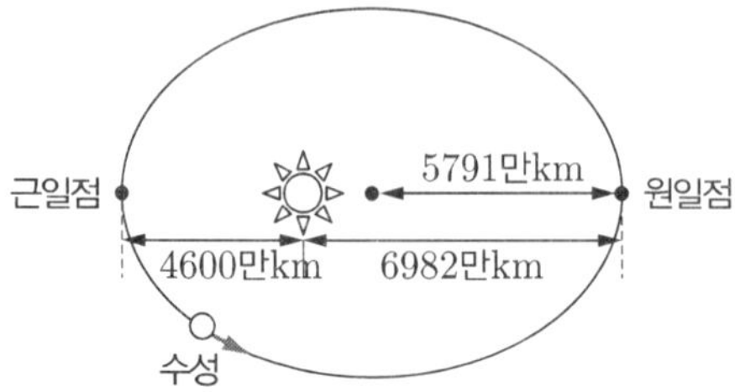

태양계에는 이처럼 여러 행성들이 있지만 세차운동이 가장 크게 일어나는 행성이 수성이다. 과학자들은 세차운동에 의한 수성의 근일점 이동이 어느 정도 일어나는지 측정을 해보았다. 그 결과, 100년에 5600″ 정도 이동한다는 것을 알게 되었다. 그런데 뉴턴 역학을 이용하여 이론적으로 계산을 해보니 100년에 5557″가 나왔다. 5557″ 중 5025″는 지구의 세차운동에 의한 효과이고 532″는 금성, 지구, 화성 등 다른 행성들의 중력효과 때문이라고 할 수 있다. 그래서 지구의 세차운동에 의한 효과는 제외하고 다른 행성들의 효과만 고려하여 수성의 근일점 이동은 천문관측을 통해 100년에 575″ 그리고 뉴턴 역학에 의해 100년에 532″라고 말하기도 한다.

그런데 실제 관측한 값과 뉴턴 역학에 의한 결과를 비교하면 100년에 43″(0.16°) 정도 차이가 난다. 이 차이를 설명하기 위하여 그 당시 많은 시도가 있었지만 모두 실패로 돌아갔다. 특히 프랑스의 수학자이자 천문학자인 위르벵 르베리에는 '벌칸'이라는 새로운 행성이 수성 안쪽(태양과 수성 사이)에 존재한다는 가설을 통해 이 차이를 설명하고자 하였다. 왜냐하면 그는 오래전 천왕성 궤도의 섭동 원인(수성과 유사하게 원인 모를 세차운동이 일어났음)이 다른 행성일 수 있다고 추측했는데 결국 자신의 예측대로 해왕성의 존재를 성공적으로 밝혀냈기 때문이다. 벌칸은 로마신화에 등장하는 대장장이의 신인 불카누스에서 따온 것이라고 한다. 이후에 벌칸이라는 행성은 아예 존재하지 않는다는 것이 밝혀졌다. 그래서 모두들 미궁에 빠져버렸다.

이때 아인슈타인이 나섰다. 일반 상대성 이론을 이용하면 어쩌면 '수성 세차 문제'를 해결할 수 있다는 것이다. 요지는 태양 주변의 시공간이 휘어져 있다는 점을 감안하지 않았다는 것이다. 그래서 일반 상대성 이론을 적용해 보니 신기하게도 43″가 나와 그 차이를 메꿀 수 있었다. 이 사례 역시 뉴턴 역학이 틀렸다는 것에 일조를 한 꼴이 되었다.

하지만 중력에 의한 빛의 휨만 보더라도 뉴턴 역학은 틀리지 않았다. 공간이 질량에 의하여 휘어진다고 할 수 없다. 그렇다면 무엇이 잘못된 것일까? 5부에서 그 답을 제시해 보고자 한다. 문제의 핵심은 수성이 타원 궤도를 그리며 태양 주위를 돌 때 빛처럼 휜다는 사실을 빠뜨렸다는 것이다.

어떻게 해서 뉴턴 역학 방법은 532″가 나왔는지, 어떤 과정을 거쳐 일반 상대성 이론 방법은 43″가 나왔는지, 뉴턴 역학은 구체적으로 무엇을 간과했는지, 일반 상대성 이론 방법이 아닌 다른 접근 방법으로 43″ 차이를 설명할 수 있는지를 차례대로 알아보도록 하자.

먼저 전체 그림을 그려보자.

만약 태양계에 태양과 수성만 있다면 수성은 태양을 공전하는데 원궤도이든 타원궤도이든 항상 같은 궤도를 따라 움직인다. 한 바퀴 돌았을 때의 시작점은 바로 이전 시작점과 같아져 세차 운동은 일어나지 않는다. 그런데 태양계에는 수성 외에 금성, 지구, 화성 등 다른 행성들이 존재한다. 태양이 수성을 당기는 힘과 다른 행성들이 수성을 당기는 힘을 함께 반영하면 수성은 태양을 중심으로 타원 궤도를 따라 회전하되 항상 같은 궤도를 따라 움직이는 것이 아니라 한 바퀴 돌았을 때의 시작점은 바로 이전 시작점보다 조금 더 앞쪽으로 오게 되는 세차 운동을 한다.

그래서 이미 알고 있지만 다음 사실들을 한 번 더 상기하도록 하자.

첫째는 태양의 질량, 0이 아닌 수성의 질량, 그리고 금성, 지구 등과 같은 다른 행성들의 질량에 의한 중력은 수성의 타원궤도와 수성의 공전 속도를 결정하고 100년 동안 532″ 정도 근일점 이동을 야기한다는 것.

둘째는 태양의 질량에 의한 중력은 질량이 거의 없는, 질량이 0인 빛을 휘게 한다는 것.

이제 질문을 하나 던져보자. 수성의 질량이 0이 아니기 때문에 타원궤도가 나오고 또한 세차운동이 일어나 532″ 정도 근일점이 이동한다면 수성의 질량이 없다면 어떤 상황이 일어날까? 질량이 0인 별빛이 휘듯이 수성도 별빛처럼 태양의 중력에 의하여 휠 것이다. 질량이 0이라도, 질량이 거의 없어도 휜다면 질량이 있는 수성에 대해서는 무엇이라고 말할 수 있을까? 그렇다!

질량을 가진 수성은 타원궤도를 돌고, 근일점은 100년 동안 532″ 정도 이동하며, 또한 빛처럼 휠 것이다!

과학자들은 지금까지 태양과 다른 행성들을 이용하여 수성의 궤도가 타원이며 1세기에 532″ 정도 근일점 이동이 일어난다는 것만 다루었지, 수성이 빛이 휘듯이 추가로 휜다는 사실을 간과했다고 볼 수 있다. 태양이 수성을 추가로 휘게 한다는 것은 수성의 근일점 이동이 조금 더 일어난다는 것을 의미하고 뉴턴 역학을 이용하여 이 값을 계산하면 43″가 추가로 나온다는 것을 알 수 있다.

뉴턴 역학 방법으로 수성의 근일점 이동(532″에 대하여)을 어떻게 계산했는지를 살펴보기 전에 수성의 세차운동에 관하여 확실한 것부터 먼저 짚고 넘어가자.

바로 일반 상대성 이론은 수성의 근일점 이동 값 575″ 모두를 설명하고 있지 않다는 점이다.

일반 상대성 이론으로는 43″만 설명할 수 있고, 나머지 532″는 뉴턴 역학, 뉴턴의 중력에 의존하고 있다. 어떠한 문헌을 읽어보더라도 일반 상대성 이론은 오직 43″만 설명하고 있다.

뉴턴 역학에 의한 수성의 근일점 이동(532″)

수성의 근일점 이동 532″를 뉴턴 역학 방법으로는 어떻게 다루었는지 대략적으로 살펴보자(자세한 내용은 이 책의 부록 H 참조). 태양은 수성을 왼쪽에서 잡아당기고, 수성 외 다른 행성들인 금성, 지구, 화성, 목성, 토성, 천왕성, 해왕성은 수성을 반대방향인 오른쪽으로 잡아당긴다.

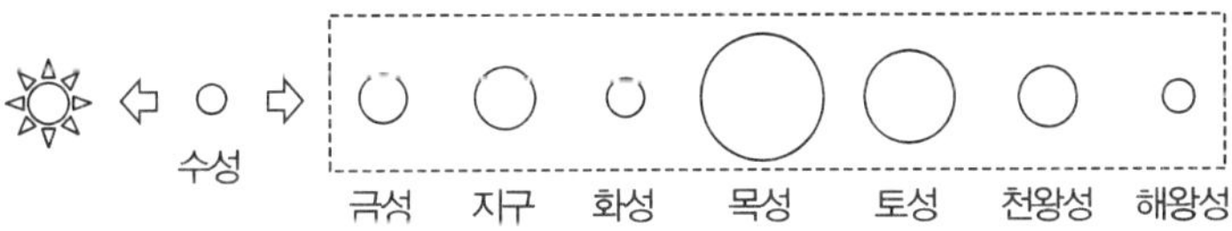

m을 수성의 질량, a는 수성과 태양 사이의 거리라고 하자(a는 주로 타원의 긴반지름인 5791만 km를 사용함). 편의상 수성은 태양을 중심으로 반지름이 a인 원을 회전한다고 가정한다. F_i를 가까운 순서대로 i번째 행성이 수성에 작용하는 힘($i = 2, 3, \ldots, 9$)이라고 하자. 예를 들면, F_2는 금성이 수성에 작용하는 힘, F_3은 지구가 수성에 작용하는 힘이다. 그래서 $F(a)$를 행성들에 의해 수성에 작용하는 모든 힘이라고 하면

$$F(a) = F_2 + F_3 + \cdots + F_9$$

가 된다. 수성에 작용하는 태양의 힘은 F_0로 나타낸다.

$\Phi(r)$을 거리 r에 대하여 적용된 전체 힘이라고 하면 중력과 행성 운동의 관계는 조금 복잡하게 보이지만 다음과 같이 미분방정식으로 나타내어진다. 미분방정식이란 방정식에 미분이 포함된 것을 말한다(이 경우 두

번 미분한 $\ddot{r}$가 포함되었음). h는 상수이다.

$$\Phi(r) = m(\ddot{r} - \frac{h^2}{m^2 r^3})$$

위의 미분방정식을 풀면 수성의 근일점과 새로운 원일점 사이의 각 Ψ('프사이'라고 읽는다)를 구할 수 있다.

$$\Psi = \frac{\pi}{\sqrt{3 + a\left[\frac{\Phi'(a)}{\Phi(a)}\right]}}$$

여기서 $\Phi(a) = F_0 + F(a)$이다. 새로운 원일점이란 왼쪽의 근일점에서 시작한 수성이 반 바퀴를 돌아 이전의 원일점(원일점 1)을 약간 지나친 후 만들어지는 원일점(원일점 2)이다. 그러므로 각 Ψ은 π보다 조금 더 크다고 할 수 있다(그림 14).

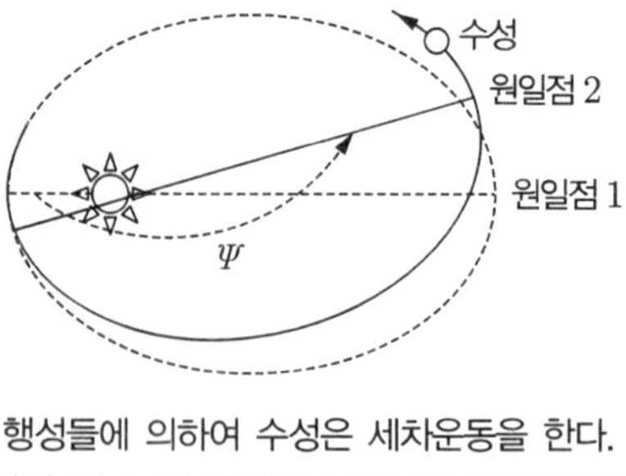

그림 14 태양과 다른 행성들에 의하여 수성은 세차운동을 한다. Ψ는 수성의 근일점이 원일점으로 바뀔 때 뉴턴 역학으로 계산한 근일점과 원일점 사이의 각이다.

구체적으로 계산하면

$$\Psi = \pi(1 + 9.884 \times 10^{-7})$$

으로 주어진다.

수성이 태양을 완전히 한 번 회전할 때 발생하는 근일점 이동의 값은

$$\frac{2\Psi - 2\pi}{T}$$

이다. 여기서 $T = 87.97$일은 수성의 공전 주기이다. 위에서 구한 Ψ을 대입하면

$$\text{근일점 이동} = \frac{2\Psi - 2\pi}{T} = \frac{2\pi(9.884 \times 10^{-7})}{87.97\text{일}} \times 365\text{일} \times 100\text{년}$$

$$= 0.14764°/1\text{세기}$$

즉,

$$\text{근일점 이동} = \frac{0.14764°}{1\text{세기}} \times \frac{3600''}{1°} = \frac{532''}{1\text{세기}}$$

가 나온다.

일반 상대성 이론에 의한 수성의 근일점 이동(43″)

일반 상대성 이론으로 수성의 근일점 이동 43″를 어떻게 설명하는지 살펴보자. 3부의 '선 요소의 활용'에서 다루었듯이 대략적으로 다음과 같은 과정을 거친다고 볼 수 있다.

아인슈타인 방정식 (2)를 이용하여 계량텐서를 구하고 선 요소 (7)을 완성한다. 물체가 수성이기 때문에 식 (8)을 이용하여 측지선 방정식들을 구하고 이들을 식 (8)에 다시 대입하여 물체의 움직임을 나타내는 미분방정식을 유도한다. 이 미분방정식의 해를 구하면 궤도방정식을 얻는데 이

를 이용하여 수성의 근일점 이동 값을 계산한다.

첫 번째는 이종필의 《상대성이론 강의》에서 나오는 내용이다(p. 398). 위의 과정을 거쳐 태양의 주변을 도는 수성의 궤도방정식 $\phi(r)$을 구했다고 하자.[18] 시공간의 휨에 의한 수성의 근일점 이동 값은 그림 15에서 보는 바와 같이 $\Delta\phi$이다.

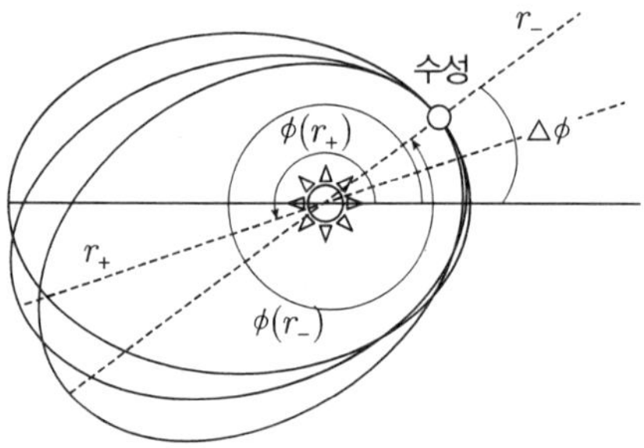

그림 15 수성이 태양을 한 번 공전할 때 시공간의 휨에 의한 수성의 근일점 이동 값을 $\Delta\phi$로 나타내었다.

그림에서 $\phi(r_+)$는 오른쪽의 근일점과 수성이 반 바퀴를 돌았을 때 생기는 새로운 원일점 사이의 각이며, $\phi(r_-)$는 오른쪽의 근일점과 수성이 한 바퀴를 돌았을 때 생기는 새로운 근일점 사이의 각이다. 그래서 $\phi(r_-)-\phi(r_+)=\pi+\Delta\phi/2$가 됨을 알 수 있고 $\Delta\phi$를 구체적으로 나타내면 다음과 같이 주어진다.

$$\begin{aligned}\Delta\phi &= 2[\phi(r_-)-\phi(r_+)]-2\pi \\ &= \frac{6\pi GM}{(1-e^2)a}(rad/rev)\end{aligned}$$

각의 기준점은 태양이며 G는 중력상수, M은 태양의 질량, e는 수성의 이심률, a는 타원 궤도의 긴반지름이다.

위의 표현은 편의상 $c=1$로 둔 것이다. 빛의 속도 c를 원래의 값으로 바꾸고 계산하면 다음과 같이 주어진다.

$$\Delta\phi=\frac{6\pi GM}{c^2(1-e^2)a}=\frac{6\pi(6.674\times10^{-11})(1.989\times10^{30})}{(3.0\times10^8)^2(1-0.206^2)(5.791\times10^{10})}$$

$$=5.012\times10^{-7}\frac{rad}{rev}$$

그리고 수성은 태양을 100년에 415.2번 공전한다는 사실을 적용하면

$$\text{근일점 이동}=\left(5.012\times10^{-7}\frac{rad}{rev}\right)\left(\frac{180°}{\pi}\right)\left(\frac{3600''}{1°}\right)\left(\frac{415.2\,rev}{1\text{세기}}\right)$$

$$=42.9''/100\text{년}$$

가 나온다. 수성의 경우, 근일점이 1세기에 약 43초 진행한다는 뜻이다.

두 번째는 D'Inverno의 《Introducing Einstein's Relativity》에 나오는 내용을 그림을 이용하여 살펴보자(이 책의 부록 I 참조). 과정은 위와 비슷하다.

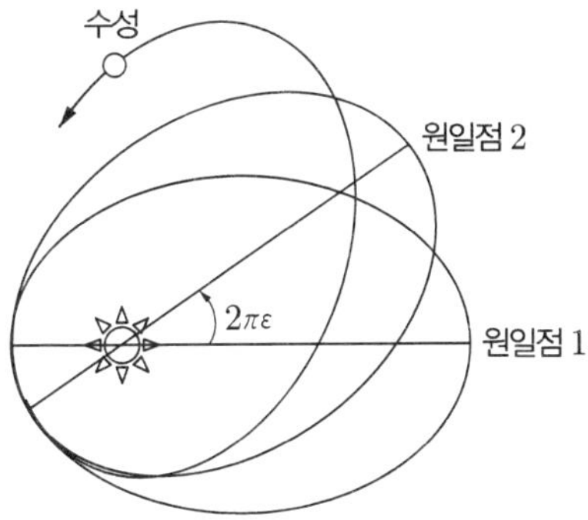

한 번 회전했을 때 수성의 근일점 이동 $2\pi\epsilon$은 다음과 같이 주어진다.

$$2\pi\epsilon \simeq \frac{24\pi^3 a^2}{c^2 T^2(1-e^2)}$$

그런데 케플러의 제3법칙에 의하면 $T^2 = \frac{4\pi^2 a^3}{GM}$이 되어 이를 위에 대입하고 정리하면

$$2\pi\epsilon \simeq \frac{6\pi GM}{c^2 a(1-e^2)}$$

가 나오는데 이는 이종필의 《상대성이론 강의》에서 나오는 것과 같다.

세 번째는 Hans Stephani의 책 《General Relativity-An introduction to the theory of the gravitational field》에 나오는 내용을 그림을 이용하여 살펴보자(p. 103).

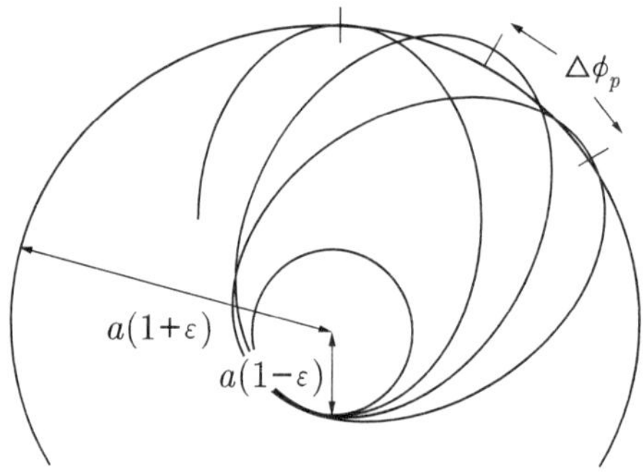

한 번 회전했을 때 수성의 근일점 이동은 태양을 기준점으로 $\Delta\phi_P$로 주어진다.

$$\Delta\phi_P = \frac{6\pi M}{a(1-\epsilon^2)}$$

여기서 편의상 $G=1$, $c=1$로 두었으며 수성의 이심률은 ϵ로 표시되었다. 이 식도 이종필의 《상대성이론 강의》에서 나오는 것과 일치한다.

43″에 대한 새로운 풀이

수성의 근일점 이동은 실제 천문관측을 통해 100년에 575″ 그리고 뉴턴 역학에 의해 이론적으로 532″라는 값이 나온다고 했다. 그리고 실제 관측한 값과 뉴턴 역학에 의한 결과의 차이인 43″는 시공간의 휨(일반 상대성 이론)으로 설명할 수 있다고 했다. 그렇다면 시공간의 휨을 이용하지 않고 43″에 대하여 설명할 수 있는 다른 방법은 없을까? 이 책에서 저자는 세련되지는 않지만 한 가지 방법을 제시하고자 한다. 언젠가 더욱 나은 방법, 더욱 엄밀한 증명이 나오리라 기대한다.

먼저 다음 사항부터 고려하자. 앞에서 다루었듯이 수성이 질량을 가지기 때문에 두 가지 현상이 일어난다고 했다. 바로 태양을 공전할 때 타원궤도가 나오는 것과 100년 동안 532″의 근일점 이동이 일어나는 것이다. 하지만 수성에 질량이 없다고 하더라도 태양의 중력에 의하여 질량이 없는 빛이 휘듯이 수성도 휠 것이다. 이것은 수성에 질량이 있어도 태양의 중력에 의하여 수성이 추가로 휜다는 것을 의미한다. (사실 한 천체를 중심으로 도는 행성이나 천체는 빛처럼 추가로 휜다고 판단된다).

위의 상황은 다음에 비유할 수 있다. 독자가 많은 돈을 소유하고 있다고 하자. 돈이 있으니 독자는 연인과 함께 세계일주 여행도 할 수 있고 여행을 하면서 어려운 사람들을 도와줄 수도 있다. 그런데 만약 독자가 한 푼도 없는 빈털터리라면? 돈이 없어도 여전히 독자의 연인은 독자를 사랑한다고 하자. 그렇다면 독자가 많은 돈을 소유하고 있다면 어떤 일이 일어난다고 할 수 있을까? 그렇다. 세계일주 여행도 할 수 있고 여행을 하면서 어려운 사람들을 도와줄 수 있고 또한 독자의 연인은 독자를 사랑할 것이다(돈이 많다고 미워하지는 않을 것이다).

수성이 빛처럼 추가로 휜다면 이 상황에 국한해서는 사실 수성을 빛으로 간주해도 된다. 수성을 빛으로 간주한다는 것은 수성의 질량은 빛과 같이 0이라고 할 수 있고 움직이는 속도 역시 빛의 속도라고 할 수 있다. 따라서 이 추가적인 휨은 수성의 근일점을 추가로 이동시키고 그 값은 43″가 나온다는 것을 알 수 있다. 어쩌면 추가로 휘어지는 위의 상황을 일반 상대성 이론에서는 시공간이 휜다고 한 것이라고 볼 수 있다.

잠시 쉬어 가기

저자는 '중력에 의한 별빛의 휨' 계산을 통해 뉴턴 역학에는 아무런 잘못이 없다는 강한 신념을 갖게 되자 분명 43″에 대한 수성의 근일점 이동 문제도 시공간의 휨과 관련 없는 새로운 방법으로 해결할 수 있다는 희망을 가지게 되었다. 그래서 일단 다음과 같이 조금은 억지스러운 생각을 해보았다. 그런데 결과가 나오자 깜짝 놀랐다.

별빛이 태양을 수평형태로 스쳐지나갈 때 태양의 중력에 의하여 휜다고 했다. 그런데 태양으로부터 거리가 먼 곳은 중력이 약해 별빛을 당기는 힘은 미미할 것이다. 태양으로부터 크게 영향을 받는 구간은 정확하지는 않지만 길이가 ℓ인 선분으로 주어지는 태양 근처일 것이다(예를 들면 왼쪽의 지구의 위치와 6개월 전 지구의 위치 사이). 이 선분 구간에서 대부분의 휨이 일어난다고 하자.

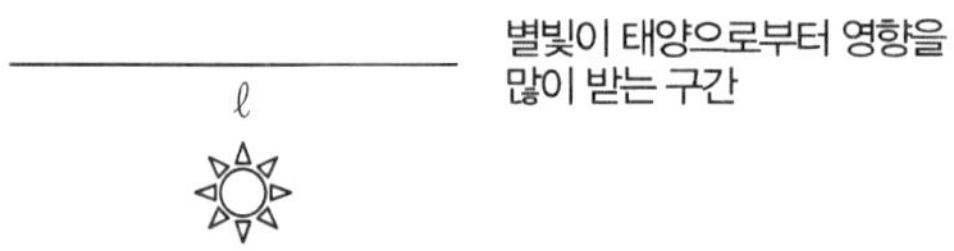

이제 수성이 태양을 중심으로 공전할 때 빛이 휘듯 추가로 휘어진다고 하자. 수성은 태양을 일직선 형태로 지나가는 것이 아니라 원 형태로 공전한다(타원이지만 이론적으로 다룰 때는 원이라고 함). 수성이 반지름이 a(수성 궤도의 긴반지름)인 원 형태로 태양을 한 번 회전

할 때 태양으로부터 영향을 받아 휘어지는 구간은 위에서 언급한 선분 구간의 5배라고 가정하자(이 수치는 임의로 정한 것이다).

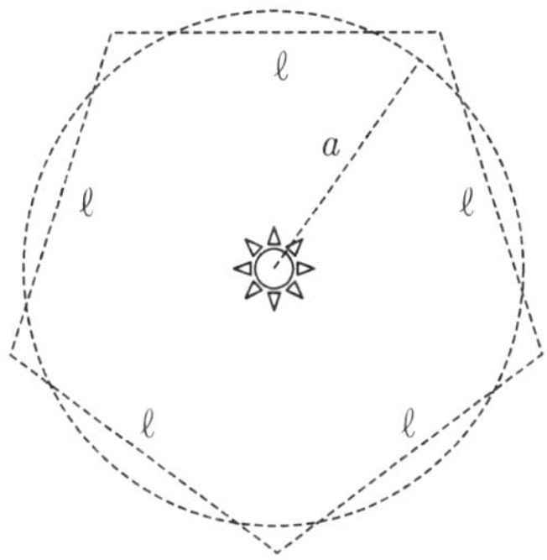

빛이 길이가 ℓ인 한 선분을 지나가는 동안 휘어지는 각은 꼭짓점을 태양 또는 태양 근처로 볼 때

$$\alpha = \frac{4GM}{Rc^2} = 1.75''$$

이다(일반 상대성 이론이 아닌 뉴턴 역학의 결과로). 여기서 M은 태양의 질량, $R = 6.957 \times 10^8\,\mathrm{m}$은 태양의 반지름이다. 그런데 수성 궤도의 긴반지름은 태양의 반지름보다 훨씬 큰 $a = 5.791 \times 10^{10}\,\mathrm{m}$이기 때문에 a는 R에 비해 약 83.24배 크다($a = 83.24R$). 그래서 수성이 선분 ℓ을 지나가는 동안 태양에 의하여 휘어지는 각은

$$\frac{4GM}{ac^2} = \frac{4GM}{83.24Rc^2} = 0.021''$$

라고 할 수 있다(이미 다루었지만 수성을 빛으로 간주함). 수성은 1세기 동안 태양을 415.2번 돈다. 그러므로 휘어지는 전체 각은

$$0.021'' \times 5\text{배} \times 415.2\text{번}$$

을 계산하면 된다. 계산기에 위의 숫자를 입력하고 '='을 누르자 43.6″가 표시되었다. 이 수치를 보는 순간 "어떻게 이런 우연의 일치가?" 하며 입이 쩍 벌어졌다. 43″에 비해 겨우 0.6″ 차이가 났을 뿐이다. 이 휘어진 각은 꼭짓점이 태양이기 때문에 100년 동안 수성의 근일점이 이동한 값(수성의 근일점이 이동한 값도 각으로 주어지고 이 각의 꼭짓점 역시 태양이기 때문)이라고 할 수 있다.

'시공간의 휨'과 관련 없는 새로운 방법으로 수성의 근일점 이동 43″를 설명하는 과정이 복잡하게 느껴질 수 있기 때문에 대략적인 흐름을 말로서 설명해보자.

앞에서 다룬 논거를 토대로 빛이 휘듯이 수성이 추가로 휜다고 하고 수성을 빛으로 간주하자. 이 추가적인 휨을 고려하면 일반 상대성 이론에서 다루는 선 요소와 비슷한 식이 도출된다. 선 요소를 닮은 이 식으로부터 수성의 운동에 대한 2계 미분방정식을 얻고 이 2계 미분방정식의 해를 구하면 수성의 위치를 파악할 수 있는 궤도방정식이 주어진다. 그리고 이 궤도방정식으로부터 근일점 이동 43″를 계산한다.

이제 조금 더 자세히 다루어 보자. 태양을 중심으로 회전하는 수성 궤도의 일부분을 다음과 같이 부채꼴로 표시하자. 태양과 수성 사이의 거리는 r로 나타내었다.

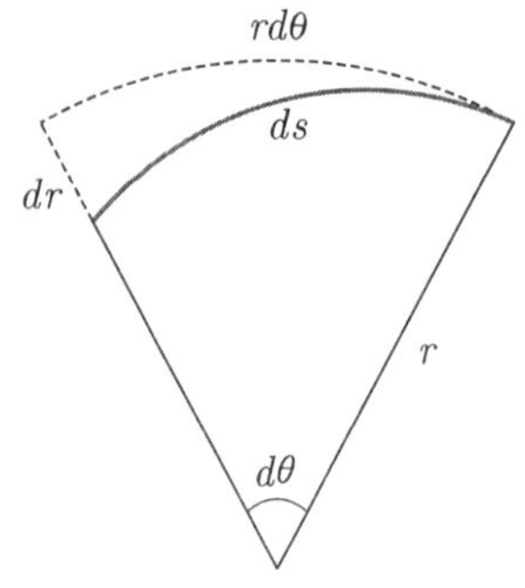

부채꼴의 각이 $d\theta$, 반지름이 $r=a$(수성 궤도의 긴반지름)일 때 곡선의 무한소 길이를 나타내는 ds에 대하여 다음이 성립한다는 것을 우리 모두 알고 있다.

$$ds^2 = dr^2 + r^2 d\theta^2$$

수성이 이 굽은 곡선을 따라 오른쪽에서 왼쪽으로 움직일 때 추가로 조금 더 휘어진다고 하자. 휘어진 각을 α'이라고 표시하자(그림 16).

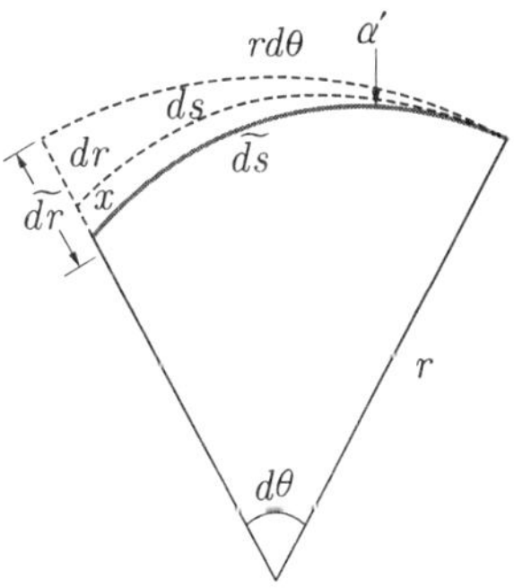

그림 16 태양에 의하여 질량이 없는 빛이 휘어지듯이
수성도 빛처럼 추가로 휘어진다고 할 때 휘어지는 각을 α'으로 나타내었다.

그러면 곡선의 무한소 길이 $\widetilde{ds}$에 대하여 위와 유사하게 다음이 성립한다.

$$\widetilde{ds}^2 = \widetilde{dr}^2 + r^2 d\theta^2 \tag{11}$$

여기서 $\widetilde{dr} = dr + x$이다. 이제 $\widetilde{dr}^2$을 dr^2에 대한 형태로 나타내어 보도록 하자. 먼저 α'에 의하여 벌어진 간격 x는 얼마 정도 될까? 한 가지 방법은 x는 dr에 비례한다고 생각할 수 있다($x = k\,dr$, k는 비례 상수). 그래서

$$k = \frac{1}{\sqrt{1-\frac{a}{R}\alpha'}} - 1$$

이라고 가정하면

$$x = \left(\frac{1}{\sqrt{1 - \frac{a}{R}\alpha'}} - 1 \right) dr = \left(\frac{1}{\sqrt{1-\alpha}} - 1 \right) dr$$

로 주어진다.19) 여기서 a는 수성 궤도의 긴반지름, R은 태양의 반지름이며

$$a = 83.24R$$

$$\alpha' = \frac{2GM}{ac^2} = \frac{2GM}{83.24Rc^2} = 0.0105''$$

$$\alpha = \frac{2GM}{Rc^2} = 0.875''$$

이다(112쪽의 '잠시 쉬어 가기' 참조). 각 α'은 수성을 빛으로 간주했을 때 태양의 중력에 의한 휨이며, 각 α는 태양의 중력에 의한 별빛의 휨을 뉴턴 역학으로 계산한 값이다. 각각에 대한 꼭짓점은 점 A인 $-\infty$이다. 그러면 $\widetilde{dr} = dr + x$로부터

$$\widetilde{dr} = dr + \left(\frac{1}{\sqrt{1-\alpha}} - 1 \right) dr = \frac{1}{\sqrt{1-\alpha}} dr$$

이 되고 양변을 제곱하면

$$\widetilde{dr}^2 = \frac{1}{1-\alpha} dr^2$$

으로 주어진다. 바로 위의 식을 식 (11)에 대입하면 다음과 같은 식을 얻는다.

$$\widetilde{ds}^2 = \frac{1}{1-\alpha} dr^2 + r^2 d\theta^2$$

편의상 기호 $\widetilde{ds}^2$을 ds^2로 바꾸면

$$ds^2 = \frac{1}{1-\alpha}dr^2 + r^2 d\theta^2$$

이 주어지고 양변에 dt^2을 나누면

$$\left(\frac{ds}{dt}\right)^2 = \frac{1}{1-\alpha}\left(\frac{dr}{dt}\right)^2 + r^2\left(\frac{d\theta}{dt}\right)^2$$

이 된다(여기서는 고유시간이라는 개념은 없다). 위에서도 언급했지만 수성이 빛처럼 휘어 수성을 빛으로 간주한다면 수성의 질량은 0이라고 볼 수 있고 수성의 속도도 빛의 속도인 c라고 생각할 수 있다. 그러므로 $\left(\frac{ds}{dt}\right)^2 = c^2$으로 놓으면

$$c^2 = \frac{1}{1-\alpha}\left(\frac{dr}{dt}\right)^2 + r^2\left(\frac{d\theta}{dt}\right)^2$$

즉

$$\frac{1}{1-\alpha}\dot{r}^2 + r^2\dot{\theta}^2 = c^2 \tag{12}$$

이 된다.

수성은 빛처럼 이렇게 휘어진 경로를 따라 움직인다고 할 수 있다. 그리고 식 (12)로부터 수성의 운동에 대한 2계 미분방정식

$$\frac{d^2u}{d\phi^2} + u = -\frac{GM}{h^2} + \frac{3GM}{c^2}u^2 \tag{13}$$

을 얻을 수 있다. 이 과정은 이 책의 부록 L에 수록하였다. 위의 식 (13)

은 일반 상대성 이론으로 수성의 근일점 이동 43″를 설명하는 부록 I에 있는 식 (I6)인

$$\frac{d^2u}{d\phi^2}+u=\frac{GM}{h^2}+\frac{3GM}{c^2}u^2$$

와 유사하다. 다만 오른편 첫 항의 부호가 다를 뿐이다.

참고로 바로 위의 식은 식 (7)의 **형식 1**[$A(r)$의 부호가 '+'인 경우]을 이용하였을 때 도출되며, 식 (13)은 식 (7)의 **형식 2**[$A(r)$의 부호가 '−'인 경우]를 이용하더라도 도출된다는 것을 알 수 있다. 따라서 위의 2계 미분방정식들은 형태는 다르지만 같다고 볼 수 있으며 같은 주기의 해를 가진다고 할 수 있다.

식 (13)의 해 u를 뉴턴 역학으로 구하면 다음과 같이 주어진다(이 책의 부록 L 참조).

$$u=\frac{1}{r}=-\frac{GM}{h^2}\left[1+\delta\cos\left(\phi(1+\epsilon)\right)\right] \tag{14}$$

r과 ϕ를 연결하는 이 해가 바로 궤도방정식이다. 주기는 다음과 같다.

$$\text{주기}=\frac{2\pi}{1+\epsilon}\approx 2\pi(1-\epsilon) \tag{15}$$

이 책의 부록 I의 식 (I10)에 주어진 해

$$u=\frac{GM}{h^2}\left[1+\delta\cos\left(\phi(1-\epsilon)\right)\right] \tag{16}$$

의 주기는 다음과 같다.

$$\text{주기}=\frac{2\pi}{1-\epsilon}\approx 2\pi(1+\epsilon) \tag{17}$$

식 (14)와 (16)은 같은 원을 의미한다. 차이는 시작점이 다르고, 움직이는 방향이 다르다는 것이다. 그림을 이용하여 비교, 분석을 해 보도록 하자.

식 (15)에 주어진 주기 $= \frac{2\pi}{1+\epsilon} \approx 2\pi(1-\epsilon)$의 경우 2π보다 작지만 시작점은 왼쪽이며 시계방향으로 움직였을 때 나온 값이다.

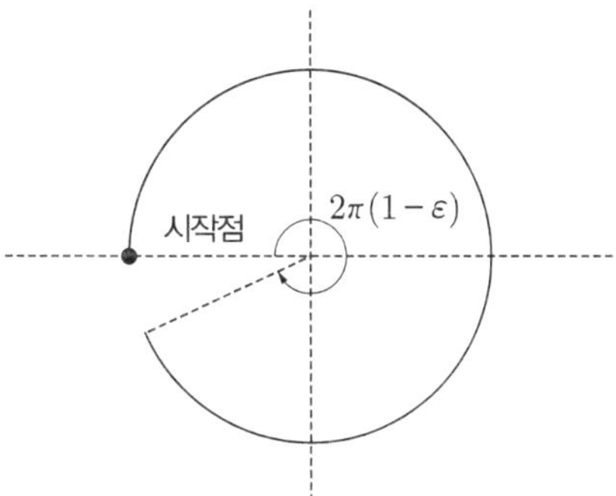

하지만 회전하는 방향을 반대로 하면 위의 상황은 같은 시작점에서 반시계방향으로 $2\pi(1+\epsilon)$도 회전한 것과 같다고 볼 수 있다.

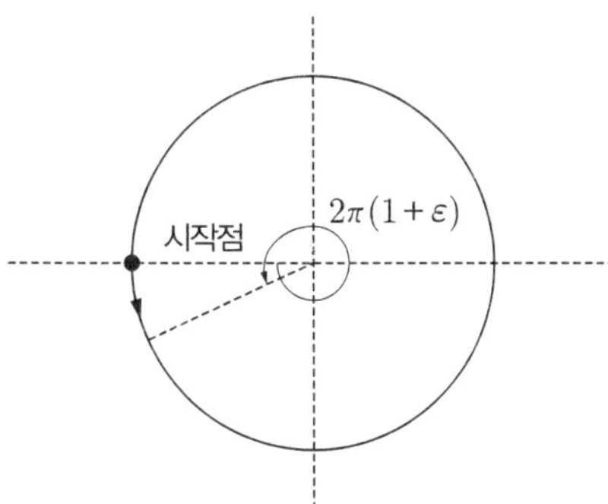

한편 식 (17)에 주어진 주기$= \frac{2\pi}{1-\epsilon} \approx 2\pi(1+\epsilon)$의 경우, 2π보다 크지만 시작점은 오른쪽이며 반시계방향으로 움직였을 때 나온 값이다.

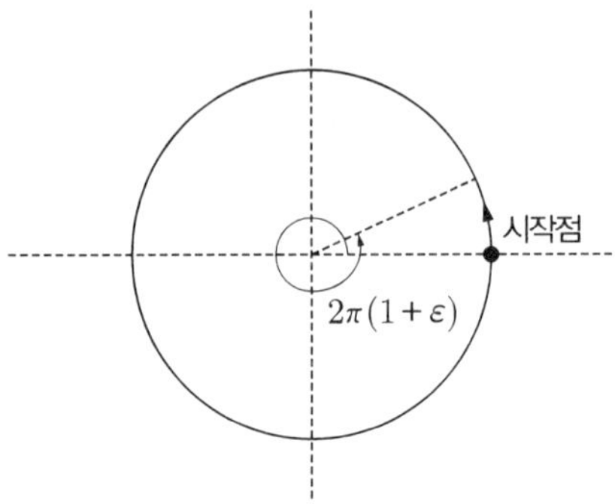

그러므로 뉴턴 역학으로 유도해낸 식 (14)에 의한 근일점 이동은 식 (16)의 경우와 동일한

$$2\pi\epsilon = \frac{6\pi GM}{c^2 a(1-e^2)} = 43''$$

라고 할 수 있다.

이것은 무엇을 말하는가? 시공간이 휘어져 있지 않다 하더라도 뉴턴 역학을 이용하여 43″에 대한 수성의 근일점 이동을 설명할 수 있다는 것을 의미한다.

핵심 5

100년 동안 수성의 근일점 이동이 얼마나 일어나는지를 과학자들은 실제 관측, 뉴턴 역학, 일반 상대성 이론 방법으로 구하였다. 그 결과, 지구에서 실제 관측한 값은 575″인데 태양, 수성, 그리고 다른 행성들의 중력을 이용한 뉴턴 역학은 532″가 나왔다. 실제 값에 비해 43″ 차이가 있었다. 이 차이를 설명할 방법이 없었지만 시공간이 휘어져 있다는 일반 상대성 이론을 이용하여 계산해보니 정확하게 43″가 나왔다. 시공간이 휘어져 있어서 추가로 43″가 나왔다는 것이다.

그런데 수성의 근일점 이동을 계산할 때 한 가지 간과한 점이 있다고 판단된다. 수성의 추가적인 휨이다. 수성이 질량을 가지므로 수성은 타원 궤도를 돌고 532″라는 근일점 이동 값을 가진다. 수성의 질량이 없다고 하면 질량이 없는 빛이 휘듯 수성도 빛처럼 휠 것이다. 따라서 질량이 있는 수성은 타원 궤도를 돌고 532″라는 근일점 이동 값을 가질 뿐만 아니라 빛이 휘듯 휜다는 것이다. 추가로 휘는 이 값을 뉴턴 역학을 이용하여 수성의 근일점 이동 값으로 변환하면 43″가 나온다는 것을 알 수 있다.

그러므로 중력만으로 575″를 모두 설명 가능하기 때문에 굳이 시공간이 휘어져 있다고 할 필요가 없다.

6부

공간은 질량에 의하여 휘어지지 않는다!

시간과 공간의 본질은 무엇일까? 6부에서는 이 질문에 대한 답을 정리해 보도록 하자. 먼저 시간이 절대적이거나 존재하지 않고 공간이 질량에 의하여 구부러지지 않는다면 어떻게 시공간이 휜다고 할 수 있을까? 시간 지연 현상은 일어나지 않는다는 것을 한 번 더 상기하고 우리가 지금까지 다루어온 시공간의 곡률이란 과연 무엇인지 다시 확인해보도록 하자.

시간 지연 효과는 일어나지 않는다

3부에서도 언급하였지만 아인슈타인은 빛의 속도는 항상 일정하게 측정된다고 하는 광속도 불변의 원리와 빛도 질량이 있는 일반물체와 같이 관성운동을 한다는 특수 상대성 원리를 전제로 하여 물체의 구성 성분, 물체의 특성 등이 아니라 오직 등속도에 의하여 유발되는 시간 지연 효과를 유도해 냈다. 아인슈타인이 가정한 이 두 원리는 무엇을 의미하는지 예를 들어 살펴보자.

일반물체인 총알의 경우, 다음과 같은 현상이 일어난다. 총을 정지한 상태에서 수평으로 발사한다. 총알은 속도 u로 1초 동안 거리 d'을 움직인다. 이제 속도 v로 달리고 있는 기차 안에서 기차가 달리는 방향으로 총을 발사한다. 기차 밖에 정지해 있는 관측자에게 총알은 관성운동에 의하여 속도 $v+u$로 1초 동안 거리 d'보다 더 먼 거리 ℓ'을 움직이는 것으로 보인다.

하지만 빛의 경우는 다음과 같은 현상이 일어난다. 광원이 정지한 상태에서 수평으로 빛을 방출한다. 빛은 속도 c로 1초 동안 거리 d를 움직인다. 이제 속도 v로 달리고 있는 기차 안에 설치되어 있는 광원에서 기차가 달리는 방향으로 빛을 방출한다. 기차 밖에 정지해 있는 관측자에게 빛의 속도는 $v+c$가 아니라 c로 주어지고(광속도 불변의 원리) 관성 운동에 의하여 빛은 1초 동안 거리 d보다 더 먼 거리 ℓ을 움직이는 것으로 보인다(특수 상대성 원리).

등속도로 움직이는 상태에서 총알이 발사되면 정지해 있는 관측자에게 총알은 어떤 모양의 궤적을 그리며 나아간다. 위의 두 원리를 가정한다는 것은 빛의 경우에 비록 속도에는 변화가 없지만 궤적은 총알의 궤적처럼 보인다는 것이다. 이후에 다루겠지만 빛의 궤적이 일반물체의 궤적을 따른다는 것 때문에 모순이 발생하며 일어나지도 않는 시간 지연 효과가 일어난다고 판단한다.

그렇다면 특수 상대성 이론에서 움직이는 물체의 시간 지연 효과는 어떤 방법을 이용하여 유도하고 설명할까? 첫째는 학생들이 사용하는 교과서에 주로 등장하는 '사고실험'이다.

등속도 v로 움직이는 기차 안과 기차역의 플랫폼 위에 설치되어 있는 각각의 광원으로부터 빛을 수직으로 방출한다. 빛은 거리 d에 설치되어 있는 각각의 거울에 반사되어 광원으로 되돌아온다. 플랫폼 위에 서 있는 관측자는 두 빛의 궤적을 관측한다.

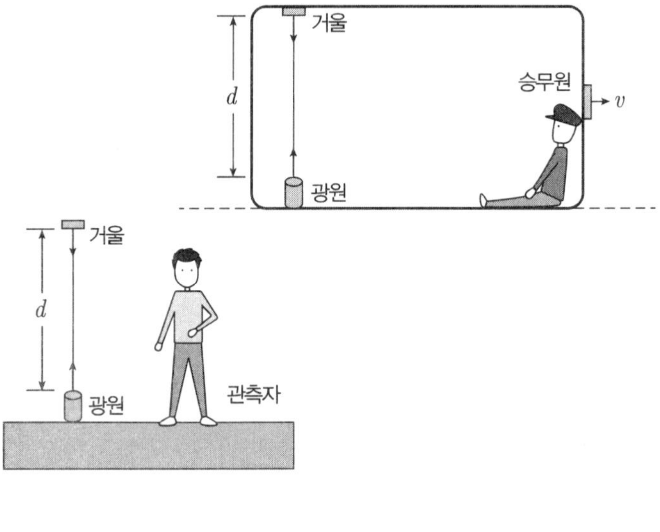

t를 플랫폼 위에 있는 광원에서 방출된 빛이 수직 거리 d를 이동하는 데에 걸린 시간(플렛폼 위에 서 있는 관측자가 느끼는 이 시간을 '좌표시간'이라 부름), t'을 기차 안에 있는 광원에서 방출된 빛이 수직 거리 d를 이동하는 데에 걸린 시간(기차 안의 탑승자가 느끼는 이 시간을 '고유시간'이라 부름)이라고 하자.

빛이 위로 올라갈 때 관측자의 관점에서 플랫폼 위의 빛의 궤적은 길이가 d인 수직 선분이지만 기차 안에 있는 빛의 궤적은 특수 상대성 원리에 의하여 길이가 ℓ_1인 사선형태(비스듬하게 위로 향하는 형태)로 주어진다. [빛이 거울에 반사되어 아래로 내려올 때도 플랫폼 위의 빛의 궤적은 길이가 d인 수직 선분이고 기차 안에 있는 빛의 궤적은 길이가 ℓ_1과 똑같은 ℓ_2인 사선형태(비스듬하게 아래로 향하는 형태)이다. 그래서 이 경우는 다루지 않이도 된다.]

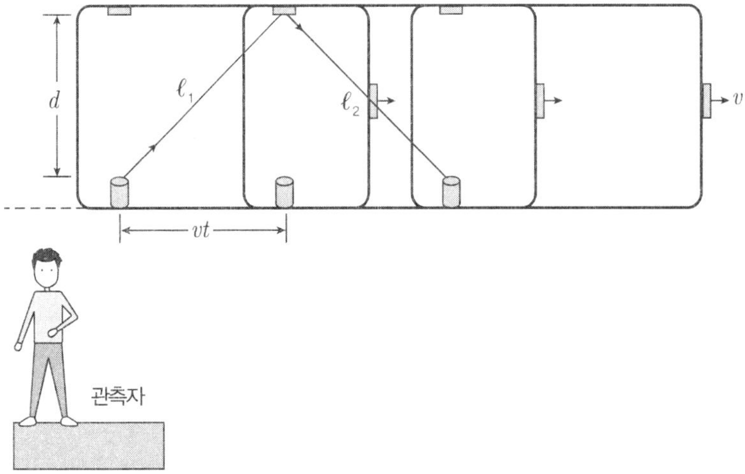

이제 속도 v로 움직이는 기차 안에서 빛이 광원에서 수직 거리 d를 이동하는 데에 걸린 시간을

$$t' = \frac{d}{c} \tag{18}$$

라고 하자(광속도 불변의 원리 적용). 그러면 정지해 있는 관측자의 관점에서 이 빛이 이동하는 데에 걸린 시간은

$$t = \frac{d}{c\sqrt{1-\left(\frac{v}{c}\right)^2}} \tag{19}$$

가 된다. [그림에서 보듯이 정지해 있는 관측자의 관점에서 빛이 이동한 거리 ℓ_1은 피타고라스 정리에 의하여 $\ell_1^2 = (vt)^2 + d^2$을 만족한다. 그리고 빛이 거리 ℓ_1을 이동하는 데에 걸린 시간을 t라고 하면 $\ell_1 = ct$가 된다(광속도 불변의 원리 적용). 이 식의 양 변에 제곱을 취하고 위의 식과 합치면 $(ct)^2 = (vt)^2 + d^2$이 되고 이를 정리하면 식 (19)가 주어진다.]

그런데 식 (18)과 (19)를 비교해보면

$$t > t'$$

임을 알 수 있다. 이것은 움직이는 기차 안의 시간이 정지해 있는 관측자의 시간보다 천천히 흐른다는 것을 의미한다. 다시 말해서 플랫폼 위든 기차 안이든 빛이 거리 d를 움직이는 시간은 똑같은데 플랫폼 위의 관측자에게 기차 안의 빛의 궤적의 길이(ℓ_1)가 플랫폼 위의 빛의 궤적의 길이(d)보다 더 길어서 그 긴 거리를 이동하기 위해서는 기차 안의 시계가 조금 더 천천히 똑딱거려야 한다는 것이다.

더 간단하게 설명하면 움직이는 기차 안에서는 식 (18)에 의하여 $d = ct'$이 성립하는데 플랫폼 위에 정지해 있는 관측자에게 기차 안의 빛은 d보다 더 먼 거리 ℓ_1을 이동하는 것으로 보이기 때문에 $\ell_1 = ct$가 성립한다. $\ell_1 > d$이므로 $ct > ct'$을 만족하고 양 변에 c를 제거하면 $t > t'$

으로 주어진다. 따라서 움직이는 물체의 시간은 정지해 있는 물체의 시간보다 더 천천히 흘러 시간 지연 현상이 일어난다는 논리이다.

하지만 위의 논리가 왜 잘못되었는지에 대한 단적인 예로, 등속도 v로 움직이는 기차 안에서 빛을 동시에 수직과 수평으로 방출하게 하면(각각 거리 d)

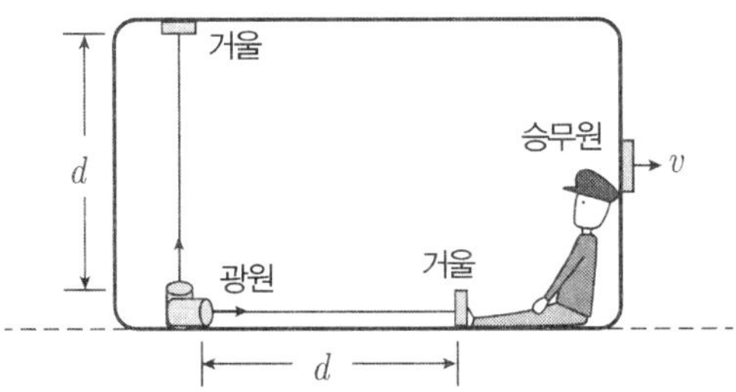

철로 밖에 정지해 있는 관측자에게 빛의 궤적의 길이는 각각 다르게 보일 것이며[수평으로 방출된 빛의 궤적(길이는 $\hat{\ell}_1$)이 수직으로 방출된 빛의 궤적(길이는 ℓ_1)보다 더 길게 주어짐]

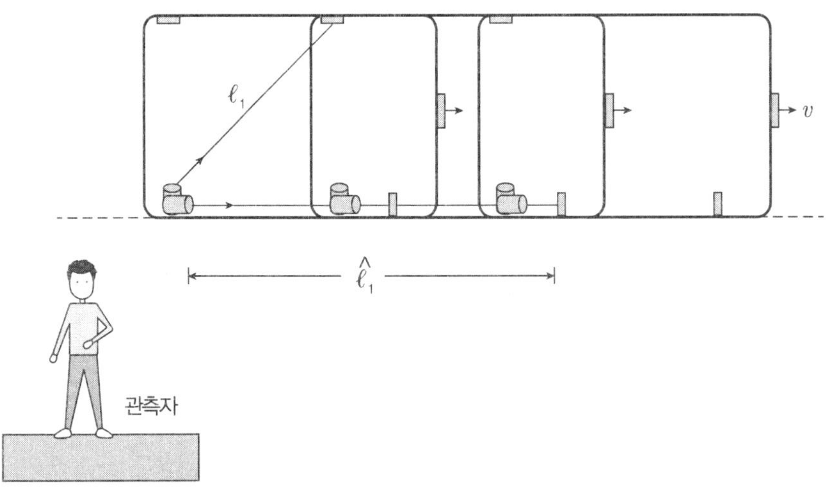

따라서 기차 안에는 두 개의 다른 시간이 흘러야 하는 터무니없는 상황이 발생한다는 것을 쉽게 알 수 있다(빛 궤적의 길이가 더 길면 시간은 더 천천히 흐르기 때문에).

만약 빛을 수직, 수평뿐만 아니라 수평에 10°, 수평에 20° 등 여러 방향으로 동시에 방출하면 각각에 대한 빛의 궤적의 길이는 다르게 보일 것이며 따라서 기차 안에는 여러 개의 다른 시간들이 흐르는 일이 벌어질 것이다.

그렇다면 위의 사고실험에서 무엇이 잘못되었을까? 이에 대한 답은 정지해 있는 관측자에게 기차 안에서 방출된 빛의 궤적이 사고실험에서 나타낸 것처럼 보이지 않는다는 것이다. 빛이 일반물체처럼 관성운동을 하더라도 빛의 궤적은 일반물체의 궤적과 동일하게 나오지 않는다.

즉, 기차 밖에 정지해 있는 관측자가 움직이는 기차 안에서 방출된 빛을 보더라도(빛이 어느 방향으로 나아가는 것으로 보이든) 빛은 더 먼 거리를 이동하는 것으로 보이지 않고 플랫폼 위에서 움직인 거리 d와 동일한 거리만 움직이는 것으로 보인다!

두 번째는 1905년에 특수 상대성 이론을 최초로 다룬 아인슈타인의 논문이다. 이 논문에서 시간 지연 효과를 유도하기 위한 '사고실험'은 다음과 같다고 할 수 있다. 등속도 v로 움직이는 관성계에서 빛이 광원에서 수평으로 방출된다. 방출된 빛은 거리 d(그의 논문에서는 x'으로 표시하였음)에 설치되어 있는 거울에 반사되어 광원으로 되돌아온다. 이 과정을 정지해 있는 관측자가 지켜보고 있다.

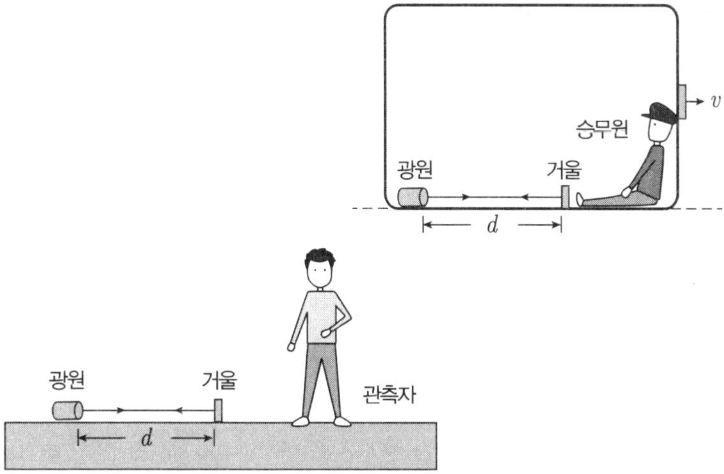

만약 특수 상대성 원리에 의하여 빛의 궤적이 총알 같은 일반물체의 궤적을 따른다면 빛이 광원에서 거울까지 오른쪽으로 움직일 때는 정지해 있는 관측자의 관점에서 빛의 궤적은 길게 보이고($\hat{\ell}_1$로 표시되었음) 거울에 반사되어 광원까지 왼쪽으로 움직일 때는 정지해 있는 관측자의 관점에서 빛의 궤적은 짧게 보인다($\hat{\ell}_2$로 표시되었음).

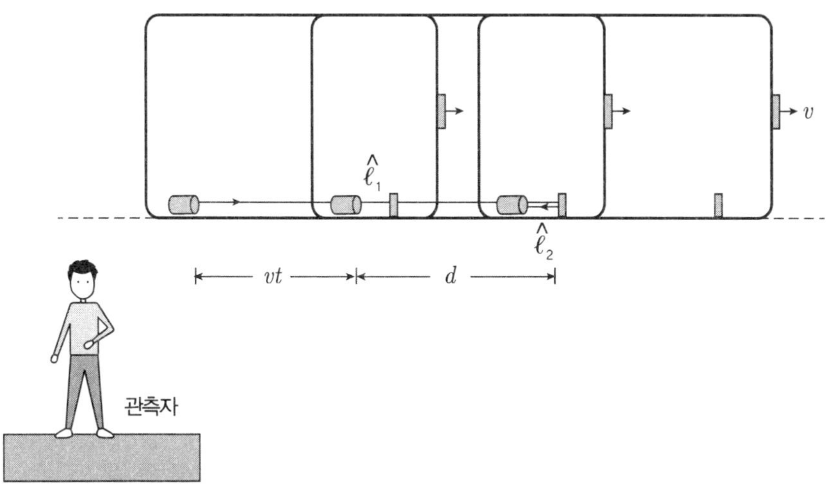

이제 t를 플렛폼 위에 서 있는 관측자가 느끼는 시간, t'을 움직이는 기차 안의 탑승자가 느끼는 시간이라고 하자. 속도 v로 움직이는 관성계 안에서 빛이 광원에서 거울까지 오른쪽으로 거리 d를 이동하는 데에 걸린 시간을

$$t' = \frac{d}{c} \tag{20}$$

라고 하면, 정지해 있는 관측자의 관점에서 이 빛이 이동하는 데에 걸린 시간은

$$t = \frac{d}{c-v} \tag{21}$$

가 된다. [정지해 있는 관측자의 관점에서 빛이 이동한 거리는 $x = vt + d$이다. 그리고 빛이 거리 x를 이동하는 데에 걸린 시간을 t라고 하면 $x = ct$가 된다. 따라서 $ct = vt + d$가 되고 이를 정리하면 $t = d/(c-v)$가 된다.]

반대로 속도 v로 움직이는 관성계 안에서 빛이 거울에 반사되어 광원까지 왼쪽방향으로 거리 d를 이동하는 데에 걸린 시간은 똑같은

$$t' = \frac{d}{c} \tag{22}$$

이다. 그리고 정지해 있는 관측자의 관점에서 이 빛이 이동하는 데에 걸린 시간은

$$t = \frac{d}{c+v} \tag{23}$$

가 된다. [정지해 있는 관측자의 관점에서 빛이 이동한 거리는 $x = vt - d$이다. 마이너스 부호는 빛이 왼쪽으로 이동했기 때문이다. 빛이 거리 x를 이동하는 데에 걸린 시간을 t라고 하면 $x = -ct$가 된다. 마이너스 부호는

역시 빛이 왼쪽으로 이동했기 때문이다. 따라서 $-ct = vt - d$가 되고 이를 정리하면 $t = d/(c+v)$가 된다.]

그런데 아인슈타인은 식 (21)과 (23)을 단순히 더하고 정리하여 시간 지연 효과를 유도하였다(1905년도 논문 참조). 이 과정에 어떤 오류가 있을까? 무엇이 잘못되었는지 분석해 보도록 하자.

식 (20)과 (21)을 비교하면 빛이 오른쪽으로 움직일 때는

$$t > t'$$

가 성립한다. 이것은 움직이는 관성계의 시간이 정지해 있는 관측자의 시간보다 천천히 흐른다는 것을 의미한다. 즉, '시간 지연 현상'이 일어난다고 할 수 있다. 한편 식 (22)와 (23)을 비교하면 빛이 왼쪽으로 움직일 때는

$$t < t'$$

가 성립한다. 이것은 움직이는 관성계의 시간이 정지해 있는 관측자의 시간보다 빠르게 흐른다는 것을 의미한다. 즉, '시간 단축 현상'이 일어난다고 할 수 있다.

따라서 움직이는 한 관성계 내에서 빛이 오른쪽으로 움직일 때는 시간이 천천히 흐르고 빛이 왼쪽으로 움직일 때는 시간이 빠르게 흘러 한 관성계 내에서 두 다른 시간의 흐름이 동시에 일어나는 모순이 발생한다. 아인슈타인의 사고실험에서는 이런 모순을 인지하지 못하고 $d/(c-v)$와 $d/(c+v)$를 더하여 시간 지연 효과를 도출했다. 결론적으로 어떤 물체가 등속도 v로 움직이더라도 그 등속도 v에 의해서 시간 지연 현상은 일어나지 않는다고 할 수 있다.

잠시 쉬어 가기

우리 인간은 오래전부터 시계를 고안하고 발명해 왔다. 시간을 더욱 정확하게 재고 싶었던 것이다. 최근에는 세슘원자시계를 사용하고 있다. 다른 시계보다 진동이 일정하여 오차를 줄일 수 있기 때문이다. 세슘원자시계는 세슘원자가 91억 9263만 1770번 진동할 때 걸리는 시간을 1초로 한 시계이다. 이 시계는 3000만 년에 1초의 오차가 발생한다고 알려져 있다.

요즈음 세슘원자시계보다 더 정확한 시계를 고안하고 있다고 한다. 예를 들면 '이터븀(Yb) 광격자 시계'를 개발하고 있는데 이론상으로 이 시계는 300억 년에 1초 정도의 오차가 나올 수 있다고 한다.

세슘원자시계를 탑재한 비행기가 빠른 속도로 움직이거나 강한 중력장을 지나가면 시간이 천천히 흘러 시간 지연 효과가 일어난다고 하자. 그래서 비행기의 속도와 고도의 위치에 따라 시간이 어느 정도 천천히 흐른다고 하자. 이제 세슘원자시계보다 더 정확한 이터븀 광격자 시계를 탑재한 비행기가 같은 속도로 움직이거나 같은 중력장을 지나가 시간이 천천히 흘러 시간 지연 효과가 일어난다고 하자. 그러면 세슘원자시계를 사용했을 때 느려진 시간과 이터븀 광격자 시계를 사용했을 때 느려진 시간이 서로 다를 것이다. 이터븀 광격자 시계가 조금 더 정확하기 때문이다. 그렇다면 시간이 느려지고 천천히 흐른 것이 아니라 시간을 측정하는 도구인 시계가 속도와 중력에 영향을 받은 것이라고 해야 하지 않을까?

시공간의 곡률에 대한 오해

지구나 태양 근처와 같은 중력장에서 물체가 가속 운동을 한다고 하자. 뉴턴 역학에서는 이를 어떻게 해석할까? '물체가 중력을 받기 때문'이라고 설명한다. 일반 상대성 이론에서는 어떻게 해석할까? '물체는 중력을 받는 것이 아니라 물질에 의하여 시공간이 휘어져 있어서 단지 물체가 휘어진 시공간에서 최단 경로를 따라 움직일 뿐'이라고 설명한다.

그렇다면 시간과 공간을 결합한 시공간의 곡률이라는 것이 있을까? 이에 대한 답은 다음의 유머에 빗대어 생각해보자.

노름판에서 세 명의 사내가 체포되어 법정에 서게 되었다. 판사가 노름을 했는지 묻자 첫 번째 사내가 "주님께 맹세합니다만 절대로 노름을 하지 않았습니다."라고 대답했다. 두 번째 사내도 "성모 마리아께 맹세컨대 결코 노름을 하지 않았습니다."라고 했다. 세 번째 사내가 기다렸다는 듯 말했다. "저 두 사람이 노름을 하지 않았는데 저 혼자 뭘 했겠습니까?"

그렇다. 시간이 절대적이거나 존재하지 않아 천천히 흐르거나 빨리 흐르지 않고 공간도 휘어지지 않는데 어떻게 "시공간의 곡률이 어떻고, 시공간의 곡률이 얼마이다."라고 말할 수 있겠는가. 그렇다면 지금까지 우리에게 알려진, 우리가 다룬 시공간의 곡률은 무엇인가? 그것은 사실 **시공간의 곡률이 아니라 단위 면적당 빛이 중력에 의하여 얼마만큼 휘는지**를 의미한다.

일반적으로 곡률이 어떻게 정의가 되는지, 곡률에 대한 기초 개념부터 이해해보자. **경로의 곡률** 또는 **곡선의 곡률**은 경로 또는 곡선이 어느 정도 휘어졌는지를 말한다. 그러면 직선의 곡률은 얼마일까? 직선은 휜 곡선이 아니기 때문에 당연히 0이다.

평면 위에 그려진 **곡선의 곡률**은 휘어진 부분에 접하는 원의 반지름 r

의 역수 $1/r$로 정의된다. 곡선이 많이 휘어진 경우, 휘어진 부분에 접하는 원은 작기 때문에 이 원의 반지름 r도 작고 반지름의 역수 $1/r$은 크다. 따라서 곡률은 크다고 할 수 있다.

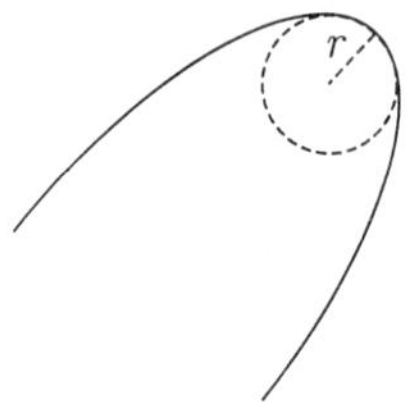

반면에 곡선이 덜 휘어진 경우, 휘어진 부분에 접하는 원은 크기 때문에 원의 반지름 r도 크고 반지름의 역수 $1/r$은 작다. 따라서 곡률은 작다고 할 수 있다.

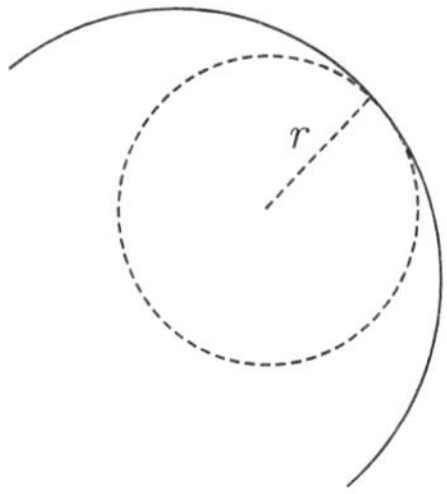

곡선이 직선에 가까우면 이 곡선에 접하는 원은 매우 크다고 볼 수 있고 곡선이 완전히 직선이면 직선에 접하는 원의 반지름은 무한이라고 생각할 수 있다. 따라서 직선의 각 점에서의 곡률은 $1/\infty = 0$이라고 할 수 있다. 곡선이 반지름이 r인 원이라면 원 위의 각 점에 대한 곡률은 당연히 $1/r$이 된다.

이러한 내용을 비추어 볼 때, 반지름이 r인 원의 한 부분인 원호의 곡률은 단위 길이당 원호에 접한 접선의 방향이 바뀌는 비율이라고 정의할 수 있다.

$$\text{원 호의 곡률} = \frac{\delta\theta}{\delta x} = \frac{\delta\theta}{r\delta\theta} = \frac{1}{r}$$

여기서 δx는 원호 위에서 이동한 거리, $\delta\theta$는 δx를 이동하는 동안 변화한 각이라고 볼 수 있다.

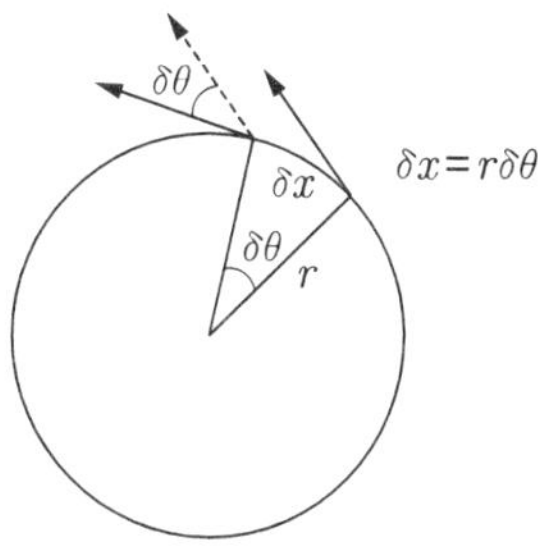

일반적인 **곡신에 내한 곡률**의 경우, 원호의 곡률과 동일하게 단위 길이 당 곡선에 접한 접선의 방향이 바뀌는 비율로 정의된다.

$$\text{곡선의 곡률} = \frac{\delta\theta}{\delta x}$$

그렇다면 곡면의 곡률은 어떻게 정의될까? 먼저 곡면이 주어졌을 때 곡면의 가장자리를 휘감아 도는 폐곡선을 그린다. 그리고 폐곡선상의 한 점에서 폐곡선에 접하며 임의의 각을 가진 벡터를 그린다. 이제 이 벡터의 각을 그대로 유지하며 폐곡선을 한 바퀴 돌아서 원래 자리로 되돌아온다. 그러면 벡터의 방향이 원래 시작한 벡터의 방향과 바뀌게 되는데 이렇게 바뀐 각을 $\delta\theta$라고 하고, 폐곡선으로 둘러싸인 곡면의 넓이를 δA라고 하면 **곡면의 곡률**은 이 두 값의 비로 다음과 같이 정의된다.

$$\text{곡면의 곡률} = \frac{\delta\theta}{\delta A}$$

예를 들어 반지름이 r인 구 표면의 곡률은

$$\frac{\delta\theta}{\delta A} = \frac{1}{r^2}$$

로 주어짐을 알 수 있다(차동우의 《상대성 이론》 참조).

본론으로 들어가 시공간이 질량에 의하여 휘어진다고 가정하고 시공간의 4차원 벡터를 이용하여 시공간의 곡률을 어떻게 계산하는지 살펴보자. 그리고 그 결과는 무엇을 의미하는지 분석해보자. 시공간의 곡률을 다룰 때 시간은 빛의 속도로 흐른다고 간주한다.

1. 지구의 표면에서 시공간의 곡률을 계산한 경우

지구 표면의 4차원 시공간에서 적당한 폐곡선을 그린다. 그리고 폐곡선에 접하는 벡터를 폐곡선을 따라 한 바퀴 돌린다. 벡터가 제자리로 돌아왔을 때, 출발했을 때의 방향과 도착했을 때의 방향 사이의 각 $\delta\theta$를 폐곡선의 면적으로 나누면 질량에 의한 지구 주변의 시공간의 곡률 $k_{지구}$가 다음과 같이 주어진다.

$$\kappa_{지구} = \frac{2GM}{c^2 R^3}$$

여기서 G는 중력 상수, M은 지구의 질량, R은 지구의 반지름이다. 폐곡선의 면적은 **지구의 반지름** R을 한 변으로 하는 정사각형의 넓이 R^2이다. 자세한 것은 이 책의 부록 J를 참조하기 바란다.

각각의 값을 대입하고 계산하면

$$\kappa_{지구} = \frac{2(6.674 \times 10^{-11})(5.974 \times 10^{24})}{(3.0 \times 10^8)^2(6.378 \times 10^6)^3} = 3.415 \times 10^{-23}$$

이 된다.

그런데 $\kappa_{지구}$를 다음과 같이 나타낼 수 있다.

$$\kappa_{지구} = \frac{2GM}{c^2R^3} = \frac{\left(\frac{2GM}{c^2R}\right)}{R^2} = \frac{\alpha_{지구}}{R^2} = \frac{0.000287''}{R^2}$$

여기서 $\alpha_{지구} = \frac{2GM}{c^2R} = 0.000287''$는 빛이 지구 근처를 지나면서 휘는 전체 각(뉴턴 역학에 의한 값이며 각의 기준점은 $-\infty$)이다. 그러므로 지구 주변의 시공간의 곡률이라고 계산한 것은 단위 면적당 얼마만큼 빛이 휘는가를 계산했다고 볼 수 있다.

2. 태양의 표면에서 시공간의 곡률을 계산한 경우

태양이 질량에 의한 태양 주변의 시공간의 곡률 $\kappa_{태양}$을 구하면

$$\kappa_{태양} = \frac{2GM}{c^2R^3} = \frac{2(6.674\times10^{-11})(1.989\times10^{30})}{(3.0\times10^8)^2(6.957\times10^8)^3} = 8.761\times10^{-24}$$

으로 주어진다. 여기서 M은 태양의 질량, R는 **태양의 반지름**이다.

그런데 위의 식은

$$\kappa_{태양} = \frac{2GM}{c^2R^3} = \frac{\frac{2GM}{c^2R}}{R^2} = \frac{\alpha_{태양}}{R^2} = \frac{0.875''}{R^2}$$

으로 쓸 수 있다. 여기서 $\alpha_{태양} = \frac{2GM}{c^2R} = 0.875''$는 빛이 태양 근처를 지나면서 휘는 전체 각(뉴턴 역학에 의한 값이며 각의 기준점은 $-\infty$)이다. 이 경우, 역시 단위 면적당 얼마만큼 빛이 휘는가를 계산했다고 볼 수 있다.

그래서 지금까지 우리가 알고 있는 시공간의 곡률은 **시공간의 휨이 아니라 단위 면적당 빛이 얼마나 휘었는지 알려준다는 것**이다.

중력을 시공간의 휨으로 대체했을 때 생기는 의문점들

중력이 존재하지 않고 질량에 의하여 시공간이 휘거나 구부러진다고 한다면 별, 행성과 같은 천체는 어떻게 뭉쳐지고 은하는 어떻게 형성되었는지 등 여러 의문점들이 발생한다. 그런 의문점을 세 가지만 더 나열해 보도록 하자.

1. 공통된 질량의 중심을 기준으로 공전하는 두 항성을 '쌍성계'라고 하는데, 쌍성 주변의 시공간이 어떻게 휘어져 있기에 두 항성이 매우 빠른 속도로 맞물려 돌아갈까?

2. 구의 형태를 갖는 태양에 의하여 시공간이 휜다면 왼쪽과 오른쪽, 위쪽과 아래쪽, 앞쪽과 뒤쪽 등 모든 방향으로 동일하게 휠 것이다. 그런데 다음 그림에서 보듯이 핼리혜성의 궤도는 태양 주위를 도는 행성들의 궤도와 무척 다르다. 태양 주변의 시공간이 어떻게 휘어져 있기에 이러한 궤도가 나올까?

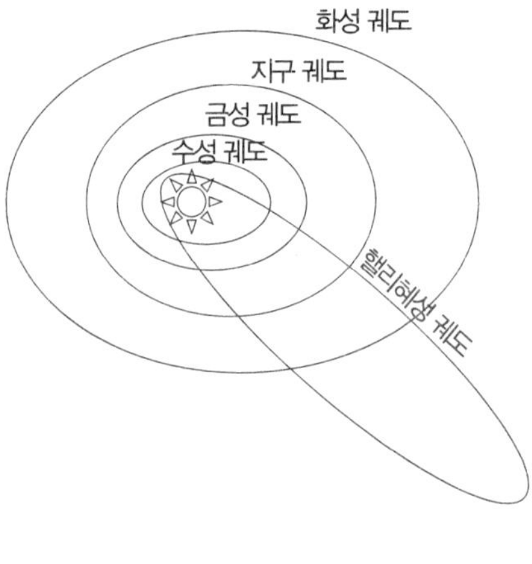

3. 달이 지구를 공전하고 있다. 달의 공전이 만유인력에 의해서가 아니라 지구의 질량에 의한 휘어진 시공간 때문이라면 달의 무엇이 지구의 조수간만에 영향을 미친다고 할 수 있을까? 무엇이 썰물과 밀물을 일으킬까?

밀물이란 해수면이 상승하여 바닷물이 육지 쪽으로 들어오는 것을 말하고, 썰물은 조수가 밀려나가 해수면이 낮아지는 현상을 말한다. 이런 현상이 일어나는 이유는 달의 인력과 지구 공전의 원심력 때문이다.

지구가 태양을 공전할 때 바깥쪽으로 나아가려는 원심력이 생긴다. 그리고 달 역시 하루에 한 번 자전하는 지구 주위를 돈다. 달이 지구를 돌 때 지구와 달이 마주 보는 부분의 지구의 바닷물이 달의 인력에 의하여 부풀어 오른다. 지구와 달이 마주 보는 반대쪽 부분 역시 지구가 태양을 공전할 때 생기는 원심력에 의하여 바닷물이 부풀어 오른다. 그래서 달이 당기는 부분과 그 반대편은 밀물이 되고, 그 외의 부분은 물이 빠져나가 수심이 얕아지는 썰물이 된다.

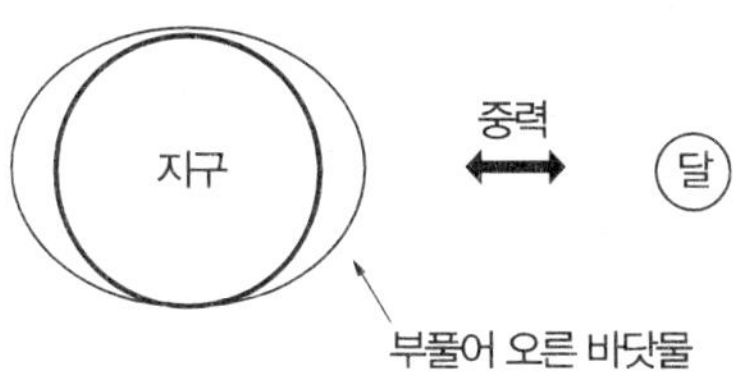

이렇게 지구의 바다에서는 달의 인력에 의하여 매일 두 번 밀물과 썰물이 일어난다. 중력이 아니라 시공간이 휘어져 있다면, 지구에서 일어나는 밀물과 썰물 현상을 어떻게 설명할 수 있을까? (공간이 부풀어 오르고 수축되어 밀물과 썰물 현상이 일어난다고 하겠지만 썰물이 일어난 후든 밀물이 일어난 후든, 바다 위로 물고기가 힘차게 뛰어오르고 갈매기가 날 수 있는 공간이 여전히 있음을 인지하자.)

중력파는 존재할까?

중력파란 무엇인가? 뉴턴은 질량에 의하여 중력이라는 힘이 생긴다고 본 반면, 아인슈타인은 질량에 의하여 시공간이 휘어지고 구부러질 수 있어 초신성과 같은 큰 별이 폭발하거나 다음 그림과 같이 두 블랙홀이 합쳐지는 경우, 잔잔한 수면에 돌을 던졌을 때 물결이 파동처럼 전파되어 나아가는 것과 유사하게 '시공간의 물결'이라고 부르는 **중력파**가 발생하여 빛의 속도로 우주로 퍼져 나간다고 생각했다. 그는 1915년에 일반 상대성 이론을 발표하면서 이런 발상을 하였다. 하지만 중력파의 존재를 실제로 입증 또는 검출하기는 쉽지 않을 거라 생각했다.

ⓒ 김경희

그 후 중력파의 직접적인 검출을 위한 도전이 시작되었다. 메릴랜드대학교의 조지프 웨버는 1960년대에 '웨버 바'라고 불리는 중력파 검출기를 처음으로 제작하고 실험을 시작했다. 이를 시발점으로 중력파의 검출을 위한 실험이 지속적으로 이루어져왔다. 드디어 2016년 2월 12일 국제 공동연구진인 라이고 과학협력단(LSC)과 비르고(Virgo) 협력단은 기자회견을 통해 미국 루이지애나 주 리빙스턴과 워싱턴 주 핸포드에 위치한 쌍둥이 라이고 검출기(LIGO)가 2015년 9월 14일에 얻은 데이터를 분석한 결과 중력파가 탐지됐다고 밝혔다. 이 중력파는 지구에서 13억 광년 떨어진 곳에서 두 개의 거대한 블랙홀이 충돌하여 병합하는 과정에서 발생한 것이라고 한다.

라이고 검출기는 길이가 4km에 이르는 2개의 터널을 '⌟'자 모양으로 이어 붙인 대형 레이서 간섭계이다. 터널 끝에는 무게가 40kg에 달하는 거울이 달려 있으며 터널의 양 끝 사이로 레이저가 '왔다 갔다' 한다(그림 17).

그림 17 핸포드에 있는 라이고 검출기

만일 우주에서 온 중력파가 지구에 도달해 라이고 터널을 지나가면 두 터널 중 한 터널의 길이에 변화가 생길 수 있고 이로 인하여 한쪽 거울이 미세하게 움직이면서 거울 사이를 오가는 레이저의 위상에 변화가 일어나는데 이 변화된 위상(위상의 어긋남으로 생기는 간섭현상)을 이용하여 중력파 검출을 하는 것이다. 2015년 9월 지구에 도달한 실제 신호는 중력파 검출기의 민감주파수 대역에서 0.15초 정도 지속되었다고 한다.

그런데 이상한 점이 있다. 시간과 공간에 대한 지금까지의 정황들을 종합해보면 중력파라는 것은 있을 수가 없기 때문이다.

첫째는 《우주에서 시간이 사라지다》에서 밝혔듯이 시간 지연 현상은 일어나지 않는다. 만약 시간이 존재한다면 사람이나 장소에 따라 시간이 천천히 흐르거나 빠르게 흐르지 않고 누구에게나 일정하게 흐른다. 그래서 시간이 늘어나거나 줄어들지 않는다.

둘째는 뉴턴 역학만 이용하여 '중력에 의한 빛의 휨'을 실제로 관측한 값과 똑같이 나오도록 계산할 수 있어 굳이 질량에 의하여 시공간이 휠 필요가 없다. 그래서 공간도 늘어나거나 줄어들지 않는다.

셋째는 일반 상대성 이론으로 수성의 근일점 이동 575″ 중 43″만 설명이 가능하고 나머지 532″는 뉴턴 역학에 의존해야 한다. 그리고 질량에 의하여 공간이 휘는 것을 설명하기 위하여 도입한 자유낙하 하는 박스(두 개의 사과)도 적합하지 않다.

이처럼 시간이 느려지지도 않고, 공간이 휘지도 않는다면 어떻게 시공간의 물결이라는 중력파가 있을 수 있을까? 그래서 한 번 추론해 보도록 하자. 오래전에는 빛이 무엇인지를 몰랐다. 나중에 전자기파의 속도와 빛의 속도가 같다는 것을 알았을 때 빛도 전자기파라는 것을 이해하게 되었다. 13억년 동안 날아온 것을 중력파라 하고, 이 중력파라 부르는 것의 속도는 빛의 속도와 같다면 중력파는 다름 아닌 전자기파와 같은 일종의 에너지일 가능성이 높지 않을까? 두 개의 블랙홀이 충돌하고 합병하여 발생한 중력파에 의하여 라이고 터널의 길이가 변화된 것이 아니라, 충돌하고 병합하는 과정에서 방출된 일종의 에너지가 검출기의 레이저에 영향을 미친 것이 아닌가 하는 생각이 든다.

공간은 질량에 의하여 휘어지지 않는다!

이 책이 나오기 전에는 뉴턴 역학은 정밀한 방법이 아니라 근사적인 방법으로 치부되었다. 단적인 예로 태양의 질량에 의한 별빛의 휨이다. 실제로 관측한 값(1.75″)의 반(0.875″)만 나왔기 때문이다. 그런데 일반 상대성 이론으로 계산한 값은 실제 관측한 값과 같았다(휜 각의 꼭짓점은 태양임). 태양 주변의 시공간이 휘어져 있어 추가로 0.875″가 더 나왔기 때문이다. 다시 말해서 뉴턴 역학은 휘어져 있는 시공간을 감안하지 않았다는 것이다. 이 예는 일반 상대성 이론을 검증한 첫 번째 사례로 꼽히고 있다. 하지만 이 책을 통해서 뉴턴 역학은 틀리지 않았다는 것이 밝혀졌다. 휜 각의 꼭짓점을 $-\infty$가 아니라 태양이라고 하면 1.75″가 되기 때문이다.

이제 '공간은 질량에 의하여 휘어지지 않는다'는 것을 일반 상대성 이론의 주장과 뉴턴 역학에 의한 결과를 활용하여 다음과 같은 논리로 설명해보자.

뉴턴 역학으로, 중력을 이용하여 별빛이 휘어지는 각을 계산하면 정확하게 1.75″가 나온다(태양을 각의 꼭짓점으로 두었을 때). 이제 태양 주변의 공간이 태양의 질량에 의하여 휘어진다고 가정하자. 그러면 일반 상대성 이론으로 별빛이 휘어지는 각을 계산하면 1.75″가 추가로 나와 3.5″가 되어야 한다. 하지만 계산 결과 1.75″가 나왔다. 따라서 공간은 질량에 의하여 휘어지지 않는다고 할 수 있다.

이 책을 끝맺으며...

태양의 중력에 의한 '별빛의 휨'을 학자들이 뉴턴 역학으로 계산했을 때 실제 관측한 값의 절반만 나온 이유는 **각을 재는 기준점인 꼭짓점이 달랐기 때문이다. 뉴턴 역학이 틀린 것이 아니었다.** 그래서 휜 각의 꼭짓점을 실제 천문학자들이 관측한 꼭짓점, 일반 상대성 이론으로 계산한 꼭짓점인 태양 또는 태양 근처와 일치시키면 뉴턴 역학으로 계산한 값은 실제 관측한 값과 일치한다. 확실한 것은 별빛의 휘어짐이 태양 근처에서 시작하지 않았음에도 불구하고 실제 관측과 일반 상대성 이론은 각의 꼭짓점을 태양이나 태양 근처로 잡았다는 것이다.

태양과 수성을 제외한 다른 행성들에 의하여 일어나는 수성의 근일점 이동을 학자들이 뉴턴 역학으로 계산했을 때 실제 관측한 값(100년에 575″)에 비해 43″가 부족하였다. 이 부족한 값은 태양 주변의 시공간이 휘어져 있다고 주장하는 일반 상대성 이론을 이용하여 설명하였다. 하지만 새로운 문제가 수면 위로 떠올랐다. 일반 상대성 이론은 전체 575″ 중 43″만 설명할 뿐 532″는 설명을 하지 못하고 뉴턴 역학에 의존할 뿐이라는 것이다.

저자는 뉴턴 역학으로 575″ 모두를 설명할 수 있는 가능성을 보이고자 했다. 그래서 43″에 대한 새로운 설명을 제시하였다. 수성의 질량이 있는 경우, 태양에 의하여 수성의 공전 궤도가 타원형이 되고 태양과 수성을 제외한 다른 행성들에 의하여 수성의 근일점 이동이 532″ 정도 일어난다. 수성의 질량이 없다고 가정하는 경우, 수성은 질량이 없는 별빛처럼 태양의 중력에 의하여 휠 것이다. 따라서 **질량을 가진 수성에게는 타원 형태의 공전 궤도, 100년에 532″의 근일점 이동, 그리고 추가로 태양의 중력에 의한 휨이 일어날 것이다.** 추가로 일어나는 이 휨을 고전 역학을 이용하여 계산하면 43″ 근일점 이동으로 환산된다. **수성뿐만 아니라 태양을 공전하는 다른 행성들도, 지구를 도는 인공위성들도, 은하의 중심을 회전하는 항성들도 이런 추가적인 휨이 일어날 것으로 본다.**

그러므로 뉴턴 역학은 틀리지 않았다. 근삿값만 계산하는 것도 아니다. 뉴턴 역학으로 우주에서 일어나는 여러 현상들을 정확하게 설명할 수 있다. 질량에 의하여 공간은 휘어지지 않는다. 만약 질량에 의하여 태양 주위의 공간이 휘어져 있었다면 뉴턴 역학으로 별빛의 휨을 계산했을 때 1.75″의 두 배인 3.5″가 나왔어야 했다. 일반 상대성 이론의 근간이 되는 **아인슈타인 방정식은 휘어지지도 않는 시간과 공간을 휘어진다고 간주하고 만든 것이다.** 질량에 의하여 시공간이 휘어진다고 하여 계산한 시공간의 곡률 값도 사실은 단위 면적당 중력에 의하여 빛이 휘어진 각에 불과하다.

하지만 **아인슈타인 방정식을 버리지 말고 지금처럼 그대로 사용해도 무방하다**고 본다. 비록 시간과 공간이 느려지지 않거나 휘어지지 않는다 하더라도 뉴턴 역학에 의하여 주어지는 값과 똑같은 값을 계산해 내기 때문이다. 즉 중력의 효과를 시공간의 휨이라는 편법을 사용한다고 볼 수 있다. 다만 시간과 공간을 합친 시공간의 개념은 이제 큰 의미가 없으며 공간이 질량에 의하여 휘지 않는다는 것만 인지하였으면 한다.

저자는 《우주에서 시간이 사라지다》에서 '시간은 존재하지 않는다는 것'을 밝혔다. 시간은 사람에 따라 다르게 흐르지도 않고 실재하지도 않는다는 것이다. 그렇다면 공간은 어떠한가? 공간의 본질은 무엇인가?

오래전 고대 그리스 철학자들은 공간은 연속적이고 유한하며 어떤 장소와 같다고 생각했다. 뉴턴은 공간을 실재하는 물리적 객체로 보았다. 무한한 공간은 물질의 존재와 무관하고 절대 변하지 않으며 시간과 공간은 서로 독립적이라고 생각했다. 라이프니츠와 마흐는 공간은 존재하지 않는다고 했다. 공간은 물체들 간의 상대적 위치를 결정하는 편리한 방법에 불과하며 물체가 없으면 공간 존재의 의미가 사라진다고 보았다. 아인슈타인은 공간을 실재하는 물리적 객체로 보았다. 다만 시간과 공간은 독립적이지 않고 서로 얽혀 있어서 이 둘을 합쳐 시공간이라 불렀으며, 시공간은 신축성 있는 천과 같이 늘어나거나 구부러질 수 있다고 보았다. 현재 과학자들은 텅 빈 공간에 양자장이 존재하고 우주상수라 불리는 균일한 에너지로 가득 차 있다는 가능성을 제기하고 있다. 그리고 '시간과 공간은 느낄 수 없고 만질 수도 없으므로 물리적 실체로 간주할 수 없다'고 주장하는 일부 과학자들도 있다.

이 책에서 주요 주제로 다루었듯이 공간은 질량에 의하여 휘어지거나 구부러지지 않는다. 그래서 **만약 공간이 실재한다면 뉴턴이 주장했듯이 공간은 물질의 존재와 무관하며 변하지 않는 절대적인 것이어야 한다. 하지만 저자는 일부 과학자들이 주장했듯이 공간은 존재하지 않는다고 본다.** 우주가 가속 팽창하고 있다는 설을 받아들이고 있는 현 시점에서 공간이 늘어나거나 휘어지지 않고 존재하지도 않는다는 주장이 모순적으로 보일 수 있다. 하지만 이런 매력 때문에 많은 사람들이 더욱 호기심을 가지고 과학에 심취하는 것이 아닐까 생각한다.

시간과 공간이 존재하지 않는다면 우리가 사는 우주는 무엇이라고 말할 수 있을까? 우주에 속한 물체, 물질, 빛 등은 에너지라고 할 수 있다. 물체나 천체의 움직임, 운동을 상징하는 것은 힘이라고 할 수 있다. 그러므로 우주는

'힘에 의해서 움직이는 에너지'

라고 할 수 있을 것이다.

부록 A. 함수 $f(x, y) = 3x^2y^4$의 그래프 분석

부록 B. 계량텐서의 개념

부록 C. 슈바르츠실트 계량텐서의 유도과정

부록 D. 크리스토펠 기호

부록 E. 뉴턴 역학에 의한 별빛의 휨 계산

부록 F. 자유낙하 하는 경우의 측지선 방정식의 유도

부록 G. 일반 상대성 이론에 의한 빛의 궤도방정식

부록 H. 뉴턴 역학에 의한 수성의 근일점 이동 값 계산

부록 I. 일반 상대성 이론에 의한 수성의 근일점 이동 값 계산

부록 J. 지구 주변의 시공간의 곡률 계산

부록 K. 변분법의 응용

부록 L. 수성의 운동에 대한 2계 미분방정식과 해

부록

부록 A. 함수 $f(x, y) = 3x^2y^4$의 그래프 분석

함수 $f(x, y) = 3x^2y^4$의 그래프는 3차원 공간에서 곡면으로 표시된다. 변수 x와 y에 대하여 각각 편미분을 하면

$$\frac{\partial f}{\partial x} = 6xy^4, \quad \frac{\partial f}{\partial y} = 12x^2y^3$$

이 주어지고, 점 $(x, y) = (2, 1)$에서 함수의 값은 $f(2, 1) = 12$, 편도함수의 값들은

$$\frac{\partial f}{\partial x} = 12, \quad \frac{\partial f}{\partial y} = 48$$

이 된다. 이는 점 $(2, 1)$에서 x축과 평행하며 x의 값이 커지는 방향으로 나아가면 (편도함수의 값이 12인 양수라) 곡면은 위로 향하고 y축과 평행하며 y값이 커지는 방향으로 나아가면 (편도함수의 값이 48인 양수라) 곡면은 조금 더 가파르게 위로 향한다는 것을 의미한다.

한 번 더 편미분하면

$$\frac{\partial^2 f}{\partial x^2} = 6y^4, \quad \frac{\partial^2 f}{\partial y^2} = 36x^2y^2, \quad \frac{\partial^2 f}{\partial y \partial x} = \frac{\partial^2 f}{\partial x \partial y} = 24xy^3$$

을 얻는다. 점 $(2, 1)$에서

$$\frac{\partial^2 f}{\partial x^2} = 6, \quad \frac{\partial^2 f}{\partial y^2} = 144, \quad \frac{\partial^2 f}{\partial y \partial x} = \frac{\partial^2 f}{\partial x \partial y} = 48$$

이다. 2계 편도함수의 값들이 모두 0보다 크다는 것은 점 $(2, 1)$을 중심으로 주어지는 근방의 곡면이 다음 그림과 같이 위로 어느 정도 오목하게

열렸다는 것을 뜻한다. 3차원 공간에서 점 (2, 1, 12)는 아래 곡면의 중간 정도에 위치한다.

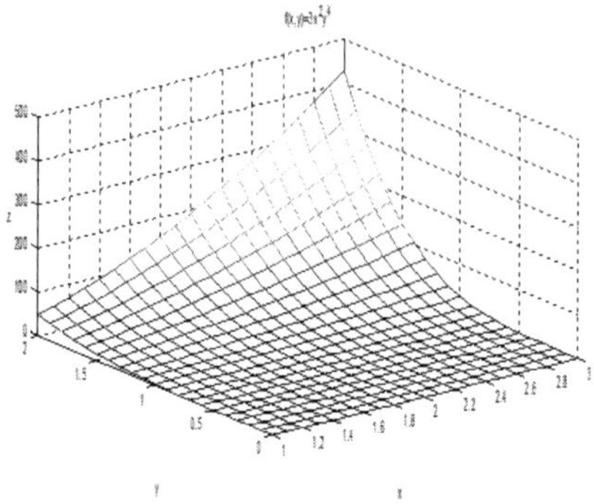

부록 B. 계량텐서의 개념

3차원 유클리드 공간과 시간을 결합한 4차원 시공간(이를 '민스코프스키 시공간'이라 부름)의 선 요소

$$ds^2 = dt^2 - dx^2 - dy^2 - dz^2 = (dt)^2 - (dx)^2 - (dy)^2 - (dz)^2$$

의 계수를 계량텐서 $g_{\mu\nu}$로 나타내어 보자. 먼저 새로운 변수들을 도입하여 다음과 같이 놓도록 하자.

$$dx^0 = dt, \quad dx^1 = dx, \quad dx^2 = dy, \quad dx^3 = dz$$

그리고

$$dx_0 = dt, \quad dx_1 =- dx, \quad dx_2 =- dy, \quad dx_3 =- dz$$

그리면 '내적'을 이용하여 선 요소를 다음과 같이 나타낼 수 있다.

$$\begin{aligned} ds^2 &= dt^2 - dx^2 - dy^2 - dz^2 \\ &= (dt,\, dx,\, dy,\, dz) \bullet (dt,\, -dx,\, -dy,\, -dz) \\ &= \left(dx^0,\, dx^1,\, dx^2,\, dx^3\right) \bullet (dx_0,\, dx_1,\, dx_2,\, dx_3) \end{aligned}$$

내적은 두 벡터의 '곱셈' 연산을 의미하며 점 '•'로 표시하는데 같은 위치에 있는 성분끼리 곱하고 그 결과들을 모두 합한다. 예를 들면 3차원 공간의 두 벡터 $u = (1,\ -2,\ 3)$, $v = (4,\ 5,\ -6)$의 내적은

$$\begin{aligned} u \bullet v &= (1, -2, 3) \bullet (4, 5, -6) = (1)(4) + (-2)(5) + (3)(-6) \\ &= -24 \end{aligned}$$

이다.

따라서 위의 ds^2은 4차원 시공간에서 두 벡터의 내적이라고 볼 수 있다. 참고로 내적은 두 벡터가 서로 어떻게 위치하고 있느냐를 알려준다고 할 수 있다. 예를 들어 두 벡터의 내적이 0이면 두 벡터는 서로 직교를 이루고 있다는 것이다.

위의 ds^2을 합기호로 다음과 같이 나타낼 수도 있다.

$$ds^2 = \left(dx^0,\ dx^1,\ dx^2,\ dx^3\right) \cdot \left(dx_0,\ dx_1,\ dx_2,\ dx_3\right)$$

$$= \sum_{\mu=0}^{3} dx^{\mu} dx_{\mu}$$

$$= \sum_{\mu=0}^{3} g_{\mu\mu} dx^{\mu} dx^{\mu}$$

$$= g_{00}dt^2 + g_{11}dx^2 + g_{22}dy^2 + g_{33}dz^2$$

$$= dt^2 - dx^2 - dy^2 - dz^2$$

여기서 $g_{00} = 1$, $g_{11} = -1$, $g_{22} = -1$, $g_{33} = -1$이다.

일반적으로 선 요소(또는 '거리'라고 해도 됨)는

$$ds^2 = \sum_{\mu=0}^{3} \sum_{\nu=0}^{3} g_{\mu\nu} dx^{\mu} dx^{\nu}$$

로 나타내어야 하는데 복잡하게 보이는 이중 합 기호를 생략하고 다음과 같이 나타낸다(이를 '아인슈타인 표기법'이라 한다).

$$ds^2 = g_{\mu\nu} dx^{\mu} dx^{\nu}$$

여기서 $g_{\mu\nu}$를 '계량텐서(metric tensor)'라 부르며 $\mu = 0,\ 1,\ 2,\ 3,\ \nu =$

0, 1, 2, 3의 값을 가진다. 이 계량텐서는 '공변텐서' 중의 한 텐서이다. 계량텐서는 시공간이 평평한지, 휘어져 있는지, 휘어져 있다면 어떻게 휘어져 있는지에 대한 정보를 담고 있다.

4차원 민스코프스키 시공간의 경우, 계량텐서는 모두 16개가 나오는데 $\mu \neq \nu$일 때는 $g_{\mu\nu}=0$이 된다. 예를 들면 $g_{01}=0$이다. 계량텐서 $g_{\mu\nu}$를 행렬로 표현하면

$$[g_{\mu\nu}] = \begin{bmatrix} 1 & 0 & 0 & 0 \\ 0 & -1 & 0 & 0 \\ 0 & 0 & -1 & 0 \\ 0 & 0 & 0 & -1 \end{bmatrix}$$

로 나타낼 수 있다. 첨자 μ, ν가 위에 있으면 $g^{\mu\nu}$를 '반변텐서'라 부른다. $[g_{\mu\nu}]$와 $[g^{\mu\nu}]$는 역행렬 관계를 갖는다. 즉 $g^{\mu\nu}$는 $g_{\mu\nu}$의 '역수'가 되어 $g_{\mu\nu}g^{\mu\nu}=1$이 된다. 따라서

$$[g^{\mu\nu}] = \begin{bmatrix} 1 & 0 & 0 & 0 \\ 0 & -1 & 0 & 0 \\ 0 & 0 & -1 & 0 \\ 0 & 0 & 0 & -1 \end{bmatrix}$$

으로 나타낼 수 있다.

이렇게 텐서는 한 성분에 또 다른 성분들이 있다는 것이다. 그리고 행렬의 대각선에 있는 $g_{\mu\mu}$의 값이 1 또는 -1로 이루어져 있기 때문에 민스코프스키 시공간은 편평하다고 할 수 있다.

부록 C. 슈바르츠실트 계량텐서의 유도과정

슈바르츠실트 계량텐서는 아인슈타인 방정식을 이용하여 구할 수 있다. 과정이 어렵고 복잡하기 때문에 여기서는 어떤 과정을 거쳐서 구했는지 그 윤곽만 대략적으로 살펴보도록 하자. 자세한 내용은 Vojinović의 논문을 참조하기 바란다.

태양과 같이 질량 M을 가진 공 모양의 천체 주변의 시공간은 시간에 의존하지 않는 **정적**이고 모든 방향으로 동일한(즉 각 θ와 ϕ에 의존하지 않는) **등방적**이라고 생각할 수 있다. 따라서 이런 성질을 만족하는 선 요소는 다음과 같이 나타낼 수 있다[3부의 식 (7)의 형식 2].

$$ds^2 = -A(r)dt^2 + B(r)dr^2 + r^2 d\theta^2 + r^2 \sin^2\theta d\phi^2 \qquad \text{(C1)}$$

슈바르츠실트는 아인슈타인 방정식 (2)를 이용하여 $A(r)$, $B(r)$의 값을 구해냈다. 텐서

$$g_{tt} = -A(r),\ g_{rr} = B(r),\ g_{\theta\theta} = r^2,\ g_{\phi\phi} = r^2\sin^2\theta$$

를 **슈바르츠실트 계량텐서**라고 부르고 이를 구하는 것을 '아인슈타인 방정식의 슈바르츠실트 풀이'라고 한다. 여기서는 계량텐서의 첨자가 $g_{00} = g_{tt}$, $g_{11} = g_{rr}$, $g_{22} = g_{\theta\theta}$, $g_{33} = g_{\phi\phi}$로 바뀌었음에 유의하자.

슈바르츠실트가 $A(r)$, $B(r)$의 값을 어떻게 구했는지 알아보기 위해 다음의 아인슈타인 방정식부터 시작하자.

$$G_{\mu\nu} = \frac{8\pi G}{c^4} T_{\mu\nu}$$

먼저 시공간의 곡률에 대한 정보를 담고 있는 **아인슈타인텐서** $G_{\mu\nu}$는

다음과 같이 정의된다.

$$G_{\mu\nu} = R_{\mu\nu} - \frac{1}{2} g_{\mu\nu} R$$

여기서 $R_{\mu\nu}$는 **리치텐서**, $g_{\mu\nu}$는 **계량텐서**, R은 **스칼라곡률**이라 부르며 리치텐서와 스칼라곡률은 다음과 같이 정의된다.

$$R_{\mu\nu} = \partial_\lambda \Gamma^\lambda_{\mu\nu} - \partial_\nu \Gamma^\lambda_{\lambda\mu} + \Gamma^\lambda_{\lambda\sigma}\Gamma^\sigma_{\mu\nu} - \Gamma^\lambda_{\sigma\nu}\Gamma^\sigma_{\lambda\mu}, \ \ R = g^{\mu\nu} R_{\mu\nu} \qquad \text{(C2)}$$

리치텐서에 포함된 크리스토펠 기호 $\Gamma^\lambda_{\mu\nu}$의 정의는 다음과 같다(부록 D 참조).

$$\Gamma^\lambda_{\mu\nu} = \frac{1}{2} g^{\lambda\sigma}\left(\frac{\partial g_{\nu\sigma}}{\partial x^\mu} + \frac{\partial g_{\mu\sigma}}{\partial x^\nu} - \frac{\partial g_{\mu\nu}}{\partial x^\sigma}\right) \qquad \text{(C3)}$$

여기서 각각의 $\lambda, \mu, \nu, \sigma$는 t, r, θ, ϕ의 값을 취한다.

이제 식 (C1)에 있는 선 요소를 $A(r) = e^{2F(r)}$, $B(r) = e^{2H(r)}$로 두어 편의상 다음과 같이 나타낸다.

$$ds^2 = -e^{2F(r)}dt^2 + e^{2H(r)}dr^2 + r^2 d\theta^2 + r^2 \sin^2\theta d\phi^2$$

그러면 위의 선 요소로부터 공변텐서 $g_{\mu\nu}$에 대한 행렬

$$[g_{\mu\nu}] = \begin{bmatrix} -e^{2F} & 0 & 0 & 0 \\ 0 & e^{2H} & 0 & 0 \\ 0 & 0 & r^2 & 0 \\ 0 & 0 & 0 & r^2\sin^2\theta \end{bmatrix}$$

와 반변텐서 $g^{\mu\nu}$에 대한 행렬

$$[g^{\mu\nu}] = \begin{bmatrix} -e^{-2F} & 0 & 0 & 0 \\ 0 & e^{-2H} & 0 & 0 \\ 0 & 0 & \dfrac{1}{r^2} & 0 \\ 0 & 0 & 0 & \dfrac{1}{r^2\sin^2\theta} \end{bmatrix}$$

를 형성할 수 있다.

위의 행렬을 참조하고 식 (C3)을 이용하면 크리스토펠 기호를 구할 수 있는데 0이 아닌 크리스토펠 기호는 모두 9개이다.

$$\Gamma^r_{tt},\ \Gamma^r_{rr},\ \Gamma^r_{\theta\theta},\ \Gamma^r_{\phi\phi},\ \Gamma^\theta_{\phi\phi},\ \Gamma^t_{tr},\ \Gamma^\theta_{r\theta},\ \Gamma^\phi_{r\phi},\ \Gamma^\phi_{\theta\phi}$$

예를 들면 $\Gamma^\theta_{\phi\phi}$ 인 경우 식 (C3)과 비교하면 $\lambda=\theta, \mu=\phi, \nu=\phi$를 의미한다. 따라서

$$\Gamma^\theta_{\phi\phi} = \frac{1}{2}g^{\theta\sigma}\left(\frac{\partial}{\partial\phi}g_{\phi\sigma} + \frac{\partial}{\partial\phi}g_{\phi\sigma} - \frac{\partial}{\partial\sigma}g_{\phi\phi}\right)$$

가 된다. 여기서 σ는 t, r, θ, ϕ의 값을 가질 수 있는데 σ가 θ가 아니면 $g^{\theta\sigma}=0$이 되고 σ가 ϕ가 아니면 $g_{\phi\sigma}=0$이 된다. 위의 표현이 합 기호가 생략된 아인슈타인 표기법으로 나타내어졌음에 유의하자. 따라서 위의 값은 다음과 같이 주어진다.

$$\begin{aligned}\Gamma^\theta_{\phi\phi} &= \frac{1}{2}g^{\theta\theta}\left(\frac{\partial}{\partial\phi}g_{\phi\phi} + \frac{\partial}{\partial\phi}g_{\phi\phi} - \frac{\partial}{\partial\theta}g_{\phi\phi}\right) \\ &= \frac{1}{2}\frac{1}{r^2}\left(\frac{\partial}{\partial\phi}(r^2\sin^2\theta) + \frac{\partial}{\partial\phi}(r^2\sin^2\theta) - \frac{\partial}{\partial\theta}(r^2\sin^2\theta)\right) \\ &= \frac{1}{2}\frac{1}{r^2}(0+0-r^2 2\sin\theta\cos\theta)\end{aligned}$$

$$=-\sin\theta\cos\theta$$

이와 유사하게 $\Gamma^{\theta}_{r\theta}$을 구하면 $\frac{1}{r}$이 주어진다.

위의 크리스토펠 기호를 이용하고 식 (C2)를 이용하면 리치텐서 $R_{\mu\nu}$를 구할 수 있다. 0이 아닌 것은 다음과 같이 모두 4개이다.

$$R_{tt},\ R_{rr},\ R_{\theta\theta},\ R_{\phi\phi}$$

예를 들면 $R_{\theta\theta}=1-e^{-2H}(1+rF'-rH')$으로 주어진다. 그리고 이 리치텐서들을 이용하면 식 (C2)에 주어진 스칼라곡률 R을 복잡하지만 다음과 같이 구할 수 있다.

$$R=-2e^{-2H}\left[F''+\left(F'+\frac{2}{r}\right)(F'-H')+\frac{1}{r^2}(1-e^{2H})\right]$$

위에서 구한 것들을 이용하면 아인슈타인텐서 $G_{\mu\nu}$를 구할 수 있는데 0이 아닌 것은 다음과 같이 4개가 주어진다.

$$G_{tt},\ G_{rr},\ G_{\theta\theta},\ G_{\phi\phi}$$

예를 들면 $G_{rr}=\frac{1}{r^2}(1+2rF'-e^{2H})$이다.

이제 아인슈타인 방정식의 오른쪽 항을 다루어 보자. G는 중력상수, c는 빛의 속도, 그리고 T_{uv}는 **에너지-운동량 텐서**라고 부르며 에너지와 운동량의 밀도와 유량을 나타낸다. 우리가 다루고 있는 천체는 질량을 가진 태양이다. 이 천체는 부피가 있기 때문에 밀도 $\rho(r)$, 압력 $p(r)$ 등과 관련이 있다. 태양과 같은 물질을 움직임이 없고(정적이라고 함) 깊이나 높이에 따라 압력이 다른 유체라 생각하고 이를 반영한 에너지-운동량 텐서를 구하면 다음과 같이 4개가 주어진다.

$$T_{tt},\ T_{rr},\ T_{\theta\theta},\ T_{\phi\phi}$$

예를 들면 $T_{rr} = p(r)e^{2H}$가 된다.

지금까지 구한 값들을 아인슈타인 방정식 $G_{\mu\nu} = \frac{8\pi G}{c^4} T_{\mu\nu}$에 대입하면 $\mu\nu = tt$, $\mu\nu = rr$, $\mu\nu = \theta\theta = \phi\phi$에 대한 3개의 미분방정식이 주어진다. 예를 들면, $\mu\nu = rr$인 경우

$$\frac{1}{r^2}(1 + 2rF' - e^{2H}) = \frac{8\pi G}{c^4} p(r) e^{2H}$$

가 된다.

$\mu\nu = tt$인 경우의 미분방정식에서

$$H(r) = -\frac{1}{2}\ln(1 - \frac{2GM}{rc^2})$$

이 나오고, $\mu\nu = rr$인 경우의 미분방정식에서

$$F(r) = \frac{1}{2}\ln(1 - \frac{2GM}{rc^2})$$

이 도출된다.

그러므로 슈바르츠실트 계량텐서인

$$A(r) = e^{2F(r)} = 1 - \frac{2GM}{rc^2}$$

이 되고

$$B(r) = e^{2H(r)} = \frac{1}{1 - \dfrac{2GM}{rc^2}}$$

기 되어 선 요소는 다음과 같이 주어진다.

$$ds^2 = -\left(1 - \frac{2GM}{rc^2}\right)dt^2 + \frac{1}{1 - \dfrac{2GM}{rc^2}}dr^2 + r^2 d\theta^2 + r^2 \sin^2\theta d\phi^2$$

또는 다음과 같이 나타내어 사용한다.

$$ds^2 = \left(1 - \frac{2GM}{rc^2}\right)dt^2 - \frac{1}{1 - \dfrac{2GM}{rc^2}}dr^2 - r^2 d\theta^2 - r^2 \sin^2\theta d\phi^2$$

부록 D. 크리스토펠 기호

크리스토펠 기호 $\Gamma^{\lambda}_{\mu\nu}$는 다음과 같이 정의된다.

$$\Gamma^{\lambda}_{\mu\nu} = \frac{1}{2} g^{\lambda\sigma}\left(\frac{\partial g_{\nu\sigma}}{\partial x^{\mu}} + \frac{\partial g_{\mu\sigma}}{\partial x^{\nu}} - \frac{\partial g_{\mu\nu}}{\partial x^{\sigma}}\right)$$

또는 다음과 같다.

$$\Gamma^{\lambda}_{\mu\nu} = \frac{\partial^2 \xi^{\sigma}}{\partial x^{\mu} \partial x^{\nu}} \frac{\partial x^{\lambda}}{\partial \xi^{\sigma}}$$

크리스토펠 기호는 계량텐서 $g_{\mu\nu}$를 좌표 x^{μ} 등에 대하여 편미분한 것으로 이루어져 있음을 알 수 있다. 기호 $\Gamma^{\lambda}_{\mu\nu}$를 제2종 크리스토펠(Christoffel) 기호[20]라고 부르기도 하고 '레비치비타 접속의 성분'을 나타내는 기호라고 말하기도 하는데 '휘어진 시공간의 곡률'을 설명하는 것이라고 이해하면 된다.

일반 상대성 이론에서는 크리스토펠 기호가 매우 중요하지만 크리스토펠 기호는 텐서가 아니다. 그래서 크리스토펠 기호를 이용하여 '리만텐서'라는 것을 만들고 이로부터 리치텐서를 정의하여 최종 목표인 아인슈타인 방정식을 만든다.

위의 정의를 이용하여 크리스토펠 기호 $\Gamma^{\lambda}_{\mu\nu}$를 실제로 한 번 구해보자. 2차원 직교좌표계에서의 한 점은

$$x = x_1 e_1 + x_2 e_2$$

로 나타내어진다. 여기서 $e_1 = (1,\ 0) = \vec{i}$, $e_2 = (0,\ 1) = \vec{j}$은 기저벡터이다. 직교좌표계에서의 한 점을 극좌표계의 점으로 나타낸다면

$$x_1 = r\cos\theta,\ x_2 = r\sin\theta$$

가 된다[미주 7) 참조]. 이 변환 식을 알고 있기 때문에 극좌표계에서 주어지는 선 요소의 계량텐서와 그리스토펠 기호를 구할 수가 있다. 극좌표계에서의 기저벡터 $g_1 = \frac{\partial x}{\partial r}$, $g_2 = \frac{\partial x}{\partial \theta}$를 구하면

$$g_1 = \frac{\partial x}{\partial r} = \frac{\partial}{\partial r}(x_1 e_1 + x_2 e_2) = \frac{\partial}{\partial r}(r\cos\theta)e_1 + \frac{\partial}{\partial r}(r\sin\theta)e_2$$

$$= (\cos\theta)e_1 + (\sin\theta)e_2$$

$$g_2 = \frac{\partial x}{\partial \theta} = \frac{\partial}{\partial \theta}(x_1 e_1 + x_2 e_2) = \frac{\partial}{\partial \theta}(r\cos\theta)e_1 + \frac{\partial}{\partial \theta}(r\sin\theta)e_2$$

$$= (-r\sin\theta)e_1 + (r\cos\theta)e_2$$

가 된다.

이에 대한 계량텐서는

$$g_{ij} = g_i \cdot g_j$$

로 정의되며 각각에 대해서는 다음과 같이 주어진다.

$$g_{11} = g_1 \cdot g_1 = [(\cos\theta)e_1 + (\sin\theta)e_2] \cdot [(\cos\theta)e_1 + (\sin\theta)e_2]$$

$$= \cos^2\theta + \sin^2\theta$$

$$= 1$$

$$g_{12} = g_1 \cdot g_2 = [(\cos\theta)e_1 + (\sin\theta)e_2] \cdot [(-r\sin\theta)e_1 + (r\cos\theta)e_2]$$

$$= -r\sin\theta\cos\theta + r\sin\theta\cos\theta$$

$$= 0$$

$$g_{21} = g_2 \cdot g_1$$
$$= 0$$
$$g_{22} = g_2 \cdot g_2 = [(-r\sin\theta)e_1 + (r\cos\theta)e_2] \cdot [(-r\sin\theta)e_1 + (r\cos\theta)e_2]$$
$$= r^2\sin^2\theta + r^2\cos^2\theta$$
$$= r^2(\sin^2\theta + \cos^2\theta)$$
$$= r^2$$

그러므로 극좌표계에서 선 요소는 다음과 같이 형성된다.

$$ds^2 = g_{11}dr^2 + g_{12}drd\theta + g_{21}d\theta dr + g_{22}d\theta^2$$
$$= dr^2 + r^2 d\theta^2$$

이제 크리스토펠 기호의 정의를 이용하여 크리스토펠 기호들을 구해보자. 크리스토펠 기호는 모두 8개가 존재한다($\mu = 1,\ 2,\ \nu = 1,\ 2,\ \lambda = 1,\ 2$의 값을 가짐).

$$\Gamma^1_{11},\ \Gamma^1_{12},\ \Gamma^1_{21},\ \Gamma^1_{22},\ \Gamma^2_{11},\ \Gamma^2_{12},\ \Gamma^2_{21},\ \Gamma^2_{22}$$

이 중 Γ^1_{22}, Γ^2_{12}, Γ^2_{21} 만 0이 아니고 나머지는 모두 0으로 주어진다는 것을 알 수 있다.

Γ^1_{22} 을 계산해 보자. 먼저 공변텐서는 $g_{11} = 1$, $g_{22} = r^2$이므로 이에 대한 반변텐서는 공변텐서의 역수가 되어야 하기 때문에 $g^{11} = 1$, $g^{22} = 1/r^2$가 된다. Γ^1_{22} 를 구체적으로 나타내면

$$\Gamma^1_{22} = \frac{1}{2}g^{1\sigma}\left(\frac{\partial g_{2\sigma}}{\partial x^2} + \frac{\partial g_{2\sigma}}{\partial x^2} - \frac{\partial g_{22}}{\partial x^\sigma}\right)$$

로 주어진다. 여기서 $\sigma=1,\ 2$의 값을 가지며 $x^1=r,\ x^2=\theta$를 의미한다. 위의 표현은 합기호가 생략된 아인슈타인 표기법이다. $\mu\neq\nu$일 때 $g_{\mu\nu}=0$ 그리고 $g^{\mu\nu}=0$인 점을 감안하면 다음과 같이 나타낼 수 있다.

$$\Gamma^1_{22}=\frac{1}{2}g^{11}\left(\frac{\partial g_{22}}{\partial\theta}+\frac{\partial g_{22}}{\partial\theta}-\frac{\partial g_{22}}{\partial x^\sigma}\right)$$

여기서 $\sigma=1,\ 2$이다. 값들을 대입하고 정리하면

$$\Gamma^1_{22}=\frac{1}{2}1(0+0-2r)+\frac{1}{2}1(0+0-0)$$
$$=-r$$

로 주어진다. 참고로 $\frac{\partial g_{22}}{\partial x^1}=\frac{\partial(r^2)}{\partial r}=2r,\ \frac{\partial g_{22}}{\partial x^2}=\frac{\partial(r^2)}{\partial\theta}=0$이 대입되었다. 다른 값들은 위와 유사하게 계산하면 된다. 결과는 다음과 같다.

$$\Gamma^1_{11}=0,\ \Gamma^1_{12}=0,\ \Gamma^1_{22}=-r,\ \Gamma^2_{11}=0,\ \Gamma^2_{12}=\Gamma^2_{21}=\frac{1}{r},\ \Gamma^2_{22}=0$$

부록 E. 뉴턴 역학에 의한 별빛의 휨 계산

다음의 과정에 대한 자세한 내용은 차동우의 《상대성이론》 또는 Adams의 《Relativity: An Introduction to Space-time Physics》를 참조하기 바란다.

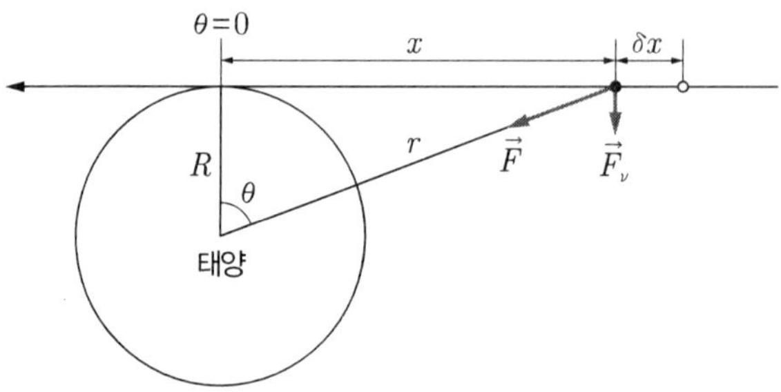

위의 그림과 같이 빛이 시간 dt 동안 거리 dx만큼 진행하여 태양으로부터 거리 x에 있다고 하자. 그러면 $dt = dx/c$가 된다. 빛의 에너지를 E라고 하면 질량-에너지 등가 원리 $E = mc^2$에 의하여 빛의 질량은 $m = E/c^2$이라고 할 수 있다. 태양의 중심과 빛 사이의 거리를 r이라고 하면 $\cos\theta = \dfrac{R}{r}$이므로 뉴턴의 만유인력 법칙에 의하여

$$F = G\frac{Mm}{r^2} = \frac{GMm}{R^2}\cos^2\theta$$

가 된다. 여기서 F는 빛을 태양의 중심으로 끌어당기는 힘이다. 이 힘 F는 빛의 경로에 평행한 성분 F_p와 수직인 성분 F_v로 나누어진다. $F_v = F\cos\theta$는 빛의 운동량의 방향을 바꾸어 준다. 그래서 F_v에 의한 빛의 운동량의 변화 δp는

$$\delta p = F_v \delta t = \frac{GMm}{R^2} \cos^3\theta \, \frac{\delta x}{c} \tag{E1}$$

이다. 한편 $x = R\tan\theta$ 이기 때문에

$$\delta x = R\sec^2\theta \, d\theta = R\frac{d\theta}{\cos^2\theta} \tag{E2}$$

가 된다. 식 (E2)를 (E1)에 대입하면

$$\delta p = \frac{GMm}{R} \frac{\cos\theta}{c} \delta\theta$$

가 주어진다. 이 운동량의 변화 δp는 빛의 진행 방향을 $\delta\phi$만큼 휘게 만든다.

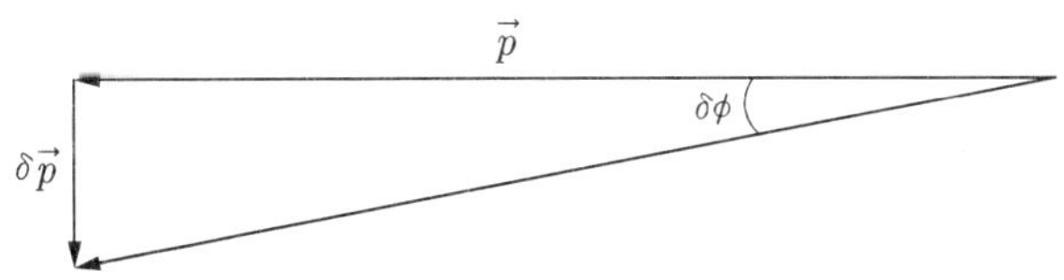

따라서

$$\delta\phi \approx \frac{\delta p}{p} = \frac{GM}{Rc^2} \cos\theta \, \delta\theta \tag{E3}$$

가 나온다. 여기서 빛의 운동량 $p = mc$이다. 참고로 빛의 질량 m은 δp와 p에 포함되어 있어 $\delta\phi$을 계산할 때는 m이 서로 상쇄되어 사라진다. 그래서 m이 무엇이든 상관없다고 할 수 있다. 식 (E3)은 빛이 δx만큼 이동하는 동안 휜 각이다. 따라서 빛이 태양을 지나가는 동안 휜 전체 각은

$$\phi = \int \delta\phi = \int_{-\frac{\pi}{2}}^{\frac{\pi}{2}} \frac{GM}{Rc^2} \cos\theta \, d\theta = \frac{GM}{Rc^2} \int_{-\frac{\pi}{2}}^{\frac{\pi}{2}} \cos\theta \, d\theta$$
$$= \frac{2GM}{Rc^2} = 0.875''$$

가 된다.

부록 F. 자유낙하 하는 경우의 측지선 방정식의 유도

물체가 중력에 의하여 자유낙하 하고 있는 경우에 대한 측지선 방정식을 유도해 보자. 자유낙하 하는 좌표계의 좌표를 ξ^α라고 두자. 자유낙하 하는 경우 가속도는 0이다. 따라서

$$\frac{d^2\xi^\alpha}{d\tau^2}=0$$

이라고 표시할 수 있다. 이 운동을 다른 좌표계(ξ^α에서 x^α)에서 보면

$$0=\frac{d^2\xi^\alpha}{d\tau^2}=\frac{d}{d\tau}\left(\frac{d\xi^\alpha}{d\tau}\right)=\frac{d}{d\tau}\left(\frac{d\xi^\alpha}{dx^\mu}\frac{dx^\mu}{d\tau}\right)$$

$$=\frac{d\xi^\alpha}{dx^\mu}\frac{d^2x^\mu}{d\tau^2}+\frac{d^2\xi^\alpha}{dx^\nu dx^\mu}\frac{dx^\nu}{d\tau}\frac{dx^\mu}{d\tau}$$

가 되고 $\frac{dx^\mu}{d\xi^\alpha}$를 위의 양변에 곱하면

$$\frac{d^2x^\mu}{d\tau^2}+\frac{dx^\mu}{d\xi^\alpha}\frac{d^2\xi^\alpha}{dx^\nu dx^\mu}\frac{dx^\nu}{d\tau}\frac{dx^\mu}{d\tau}=0$$

이 된다. 이제 $\frac{d^2x^\mu}{d\tau^2}$와 $\frac{dx^\mu}{d\xi^\alpha}$항의 μ를 λ로 바꾸면

$$\frac{d^2x^\lambda}{d\tau^2}+\frac{dx^\lambda}{d\xi^\alpha}\frac{d^2\xi^\alpha}{dx^\nu dx^\mu}\frac{dx^\nu}{d\tau}\frac{dx^\mu}{d\tau}=0$$

이 되고 다음과 같이 쓸 수 있다.

$$\frac{d^2x^\lambda}{d\tau^2}+\Gamma^\lambda_{\mu\nu}\left(\frac{dx^\mu}{d\tau}\frac{dx^\nu}{d\tau}\right)=0$$

이를 자유낙하 하는 물체의 측지선 방정식이라고 하며

$$\Gamma^\lambda_{\mu\nu}=\frac{dx^\lambda}{d\xi^\alpha}\frac{d^2\xi^\alpha}{dx^\nu dx^\mu}$$

를 **크리스토펠 기호**라고 부른다(부록 D 참조).

부록 G. 일반 상대성 이론에 의한 빛의 궤도방정식

이 주제에 대한 자세한 내용은 D'Inverno의 《Introducing Einstein's Relativity》을 참조하기 바란다.

빛이 태양과 같은 구면 대칭인 중력장을 지나간다고 하자. 빛은 '영 측지선'을 따라 움직이기 때문에 3부의 '선 요소의 활용'에서 다루었듯이 $ds^2=0$이 되어 $\left(\frac{ds}{d\tau}\right)^2=0$이 된다. 따라서 3부의 식 (9)를 만족한다. 즉

$$L^2=\left(1-\frac{2GM}{rc^2}\right)\dot{t}^2-\frac{1}{1-\frac{2GM}{rc^2}}\dot{r}^2-r^2\dot{\theta}^2-r^2\sin^2\theta\dot{\phi}^2=0 \quad \text{(G1)}$$

으로 나타낼 수 있다. 오일러-라그랑주 방정식 (10)을 위의 L^2에 적용하면 측지선 방정식들이 다음과 같이 주어진다.

- $x=t$인 경우

$$\frac{d}{d\tau}\left[\left(1-\frac{2GM}{rc^2}\right)\dot{t}\right]=0 \quad \text{(G2)}$$

- $x=\theta$인 경우

$$\frac{d}{d\tau}(r^2\dot{\theta})-r^2\sin\theta\cos\theta\,\dot{\phi}^2=0 \quad \text{(G3)}$$

- $x=\phi$인 경우

$$\frac{d}{d\tau}(r^2\sin^2\theta\,\dot{\phi})=0 \quad \text{(G4)}$$

$\theta=\frac{\pi}{2}$일 때 평면 운동이 일어나고 식 (G3)은 $\frac{d}{d\tau}(r^2\dot{\theta})-0=0$이 된다. 즉 '$r^2\dot{\theta}=$상수'가 되어 각운동량이 일정하다는 것을 의미한다.

식 (G4)에 $\theta = \frac{\pi}{2}$를 대입하고 적분하면 $r^2\dot{\phi} = h$를 얻고 식 (G2)를 적분하면

$$\left(1 - \frac{2GM}{rc^2}\right)\dot{t} = k$$

가 나온다. 여기서 h, k는 상수이다.

$\theta = \frac{\pi}{2}$, $\dot{\theta} = 0$, 그리고 $\left(1 - \frac{2GM}{rc^2}\right)\dot{t} = k$를 식 (G1)에 대입하고 정리하면

$$\frac{k^2}{1 - \frac{2GM}{rc^2}} - \frac{\dot{r}^2}{1 - \frac{2GM}{rc^2}} - r^2\dot{\phi}^2 = 0 \qquad \text{(G5)}$$

이 된다.

이제 식 (G5)를 2계 미분방정식으로 바꾼다.

$u = \frac{1}{r}$로 두면 $r^2\dot{\phi} = h$ 에서 $\dot{\phi} = hu^2$ 이 되고 따라서

$$\dot{r} = \frac{dr}{d\tau} = \frac{d}{d\tau}\left(\frac{1}{u}\right) = -\frac{1}{u^2}\frac{du}{d\phi}\dot{\phi} = -h\frac{du}{d\phi}$$

로 주어진다.

$r^2\dot{\phi} = h$, $\dot{r} = -h\frac{du}{d\phi}$, $u = \frac{1}{r}$을 식 (G5)에 대입하면

$$\frac{k^2}{1 - \frac{2GM}{c^2}u} - \frac{h^2\left(\frac{du}{d\phi}\right)^2}{1 - \frac{2GM}{c^2}u} - h^2u^2 = 0$$

이 되고 $\left(1-\frac{2GM}{c^2}u\right)/h^2$를 양변에 곱하면

$$\frac{k^2}{h^2}-\left(\frac{du}{d\phi}\right)^2-u^2\left(1-\frac{2GM}{c^2}u\right)=0$$

이 나온다. 이를 정리하면 다음과 같이 주어지고

$$\left(\frac{du}{d\phi}\right)^2+u^2=\frac{k^2}{h^2}+\frac{2GM}{c^2}u^3$$

미분하면

$$2u'u''+2uu'=\frac{6GM}{c^2}u^2u'$$

그리고 $2u'$을 양변에 나누면 다음과 같이 빛의 움직임에 대한 2계 미분 방정식을 얻는다.

$$\frac{d^2u}{d\phi^2}+u=\frac{3GM}{c^2}u^2 \tag{G6}$$

먼저 우변이 0인 동차미분방정식

$$\frac{d^2u}{d\phi^2}+u=0 \tag{G7}$$

의 일반해는

$$u=\frac{1}{D}\sin(\phi-\phi_0) \tag{G8}$$

이다.

우변이 0이 아닌 미분방정식 (G6)의 해를 구하기 위해서는

$$u = u_0 + \frac{3GM}{c^2} u_1 \qquad \text{(G9)}$$

로 둔다. 여기서 u_0는 동차미분방정식의 일반해 (G8)에서 $\phi_0 = 0$으로 둔 것이다. 즉 $u_0 = \frac{\sin\phi}{D}$ 이다. 이렇게 두는 이유는 식 (G6)을 식 (G7)의 섭동이라고 보기 때문이다. 식 (G9)를 두 번 미분하고 식 (G6)에 대입하고 정리하면

$$u_1'' + u_1 = u_0^2 = \frac{\sin^2\phi}{D^2} \qquad \text{(G10)}$$

를 얻는다. 정리 과정에서 $Mu = M\frac{1}{r}$은 작다고 볼 수 있기 때문에 $\frac{6GM}{c^2}u_0u_1$, $\frac{9G^2M^2}{c^4}u_1^2$ 항들은 0으로 간주하였다. 그리고 미분방정식 (G10)의 해는 $u_1 = \frac{1 + C\cos\phi + \cos^2\phi}{3D^2}$ 임을 알 수 있다. 여기서 C는 상수이다.

결국 미분방정식 (G6)의 해는

$$\frac{1}{r} = u \approx \frac{\sin\phi}{D} + \frac{GM(1 + C\cos\phi + \cos^2\phi)}{c^2D^2} \qquad \text{(G11)}$$

가 된다. 이것이 빛의 위치를 알려주는 궤도방정식이다.

다음 그림에서 보듯이 $r \to \infty$ 일 때 $\phi = -\epsilon_1$ 그리고 $\phi = \pi + \epsilon_2$가 되는데 $\delta = \epsilon_1 + \epsilon_2$가 시공간의 휨에 의하여 빛이 휘어지는 전체 각이 된다.

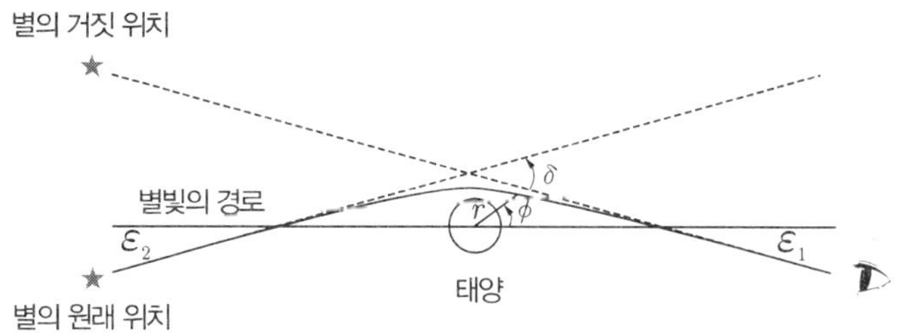

그리고 $r \to \infty$ 일 때 $u \to 0$가 되기 때문에 식 (G11)의 오른쪽은 0이 된다는 것을 알 수 있다. ϵ_1과 ϵ_2에 대하여 '작은 각 공식'을 이용하면

$$-\frac{\epsilon_1}{D}+\frac{GM}{c^2D^2}(2+C)=0 \quad -\frac{\epsilon_2}{D}+\frac{GM}{c^2D^2}(2-C)=0$$

을 얻는다. '작은 각 공식'이란 각 θ가 작다면 $\sin\theta \approx \theta$, $\cos\theta \approx 1-\frac{\theta^2}{2} \approx 1$, $\tan\theta \approx \theta$를 의미한다.

위의 두 식을 합하면

$$\delta = \epsilon_1 + \epsilon_2 = \frac{4GM}{c^2D}$$

이 주어진다. 별빛이 태양 근처를 지나간다고 하면 M에 태양의 질량, D에 태양의 반지름을 대입하고 계산하면 $\delta = 1.75''$가 나온다.

부록 H. 뉴턴 역학에 의한 수성의 근일점 이동 값 계산

다음에 대한 자세한 내용은 Price and Rush의 논문 〈Non-relativistic contribution to Mercury's perihelion precession〉을 참조하기 바란다.

태양 주위의 각각의 행성을 다음과 같이 하나의 질량 밀도 λ_i로 대체한다.

$$\lambda_i = \frac{M_i}{2\pi R_i}$$

여기서 M_i는 i번째 행성의 질량, R_i는 태양과의 거리이다. 즉 λ_i는 i번째 행성의 질량에 반지름이 R_i인 원의 둘레를 나눈 값이다.

i번째 행성이 수성에 작용하는 힘 F_i를 계산하면

$$F_i = \frac{G\pi\lambda_i ma}{R_i^2 - a^2} \tag{H1}$$

가 된다. 여기서 a는 수성과 태양 사이의 거리이고 m은 수성의 질량이다. 그리고 모든 i에 대하여 $R_i > a$를 만족한다.

다음의 미분방정식은 중력과 행성 운동의 관계를 알려준다.

$$\Phi(r) = m(\ddot{r} - \dot{\theta}^2 r) \tag{H2}$$

여기서 $\Phi(r)$은 작용된 전체 힘이고 '·'은 미분을 의미한다. 또한 행성의 각 운동량 $mr^2\dot{\theta}$은 상수이기 때문에 $mr^2\dot{\theta} = h$라고 할 수 있다. 이제 $\dot{\theta} = \dfrac{h}{mr^2}$를 (H2)에 대입하면

$$\Phi(r) = m(\ddot{r} - \frac{h^2}{m^2 r^3})$$

이 된다.

수성이 태양을 중심으로 반지름이 a인 원을 회전한다고 할 때 위의 미분방정식을 풀면 수성의 근일점과 원일점 사이의 각 Ψ를 구할 수 있다.

$$\Psi = \frac{\pi}{\sqrt{3 + a\left[\frac{\Phi'(a)}{\Phi(a)}\right]}} \tag{H3}$$

여기서 $\Phi(a)$는 알짜 힘이다.

행성들에 의해 수성에 작용하는 모든 힘 $F(a)$를 식 (H1)을 이용하여 구해보면

$$F(a) = F_2 + F_3 + \cdots + F_9 = G\pi m \sum_{i=2}^{9} \frac{\lambda_i a}{R_i^2 - a^2} = 7.587 \times 10^{15} N \tag{H4}$$

으로 주어진다. 계산을 할 때 a는 타원의 긴반지름인 5791만 km를 사용하였다.

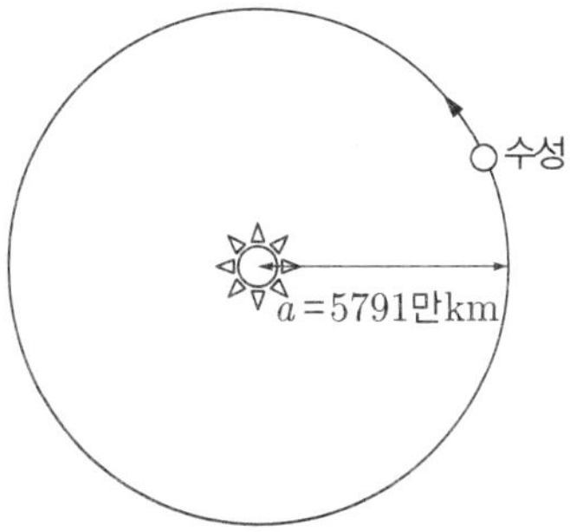

태양에 의해 수성에 작용하는 힘 F_0는

$$F_0 = -\frac{GMm}{a^2} \tag{H5}$$

으로 주어지는데 구체적인 값은 $F_0 = -1.318 \times 10^{22} N$이다. 여기서 M은 태양의 질량이다. 따라서 수성에 작용되는 알짜 힘은

$$\Phi(a) = F_0 + F(a) \tag{H6}$$

가 된다. $\Phi(a)$를 미분하면 $\Phi'(a) = F_0' + F'(a)$ 그리고

$$a\Phi'(a) = aF_0' + aF'(a)$$

가 되고, 식 (H4)에 있는 $F(a)$를 미분하면

$$F'(a) = G\pi m \sum_{i=2}^{9} \frac{\lambda_i (R_i^2 + a^2)}{(R_i^2 - a^2)^2}$$

그리고 식 (H5)에 있는 F_0를 미분하면

$$F_0' = \frac{2GM_s m}{a^3} = \frac{-2F_0}{a}$$

가 된다. 따라서

$$aF_0' = -2F_0$$

을 얻는다. 결국

$$a\Phi'(a) = aF_0' + aF'(a) = -2F_0 + aG\pi m \sum_{i=2}^{9} \frac{\lambda_i (R_i^2 + a^2)}{(R_i^2 - a^2)^2} \tag{H7}$$

으로 나타내어진다. 이제 (H6)과 (H7)을 식 (H3)에 대입하면

$$\Psi = \frac{\pi}{\sqrt{3 + \dfrac{-2F_0 + aG\pi m \sum_{i=2}^{9} \dfrac{\lambda_i (R_i^2 + a^2)}{(R_i^2 - a^2)^2}}{F_0 + F(a)}}}$$

가 된다. 이를 정리하면

$$\Psi = \pi \frac{\sqrt{F_0 + F(a)}}{\sqrt{F_0 + 3F(a) + aG\pi m \sum_{i=2}^{9} \dfrac{\lambda_i (R_i^2 + a^2)}{(R_i^2 - a^2)^2}}}$$

$$= \pi \frac{\sqrt{1 + \dfrac{F(a)}{F_0}}}{\sqrt{1 + \dfrac{3F(a)}{F_0} + \dfrac{aG\pi m}{F_0} \sum_{i=2}^{9} \dfrac{\lambda_i (R_i^2 + a^2)}{(R_i^2 - a^2)^2}}}$$

로 나타낼 수 있다. 분모와 분자에 이항정리

$$\sqrt{1+x} = 1 + \frac{1}{2}x - \frac{1}{8}x^2 + \frac{1}{16}x^3 - \cdots$$

을 적용하고 분자를 분모로 나눈 후, 첫 세 항을 나타내면

$$\Psi = \pi \frac{1 + \dfrac{1}{2}\dfrac{F(a)}{F_0} - \cdots}{1 + \dfrac{3}{2}\dfrac{F(a)}{F_0} - \cdots} \approx \pi \left(1 - \frac{F(a)}{F_0} - \frac{aG\pi m}{2F_0} \sum_{i=2}^{9} \frac{\lambda_i (R_i^2 + a^2)}{(R_i^2 - a^2)^2}\right)$$

$$= \pi (1 + 9.884 \times 10^{-7})$$

으로 주어진다.

수성이 태양을 한 번 회전할 때 발생하는 근일점 이동의 값은

$$\frac{2\Psi - 2\pi}{T}$$

이다. 여기서 $T = 87.969$일은 수성의 공전 주기이다. 위에서 구한 Ψ을 대입하면

$$\text{근일점 이동} = \frac{2\Psi - 2\pi}{T} = \frac{2\pi(9.884 \times 10^{-7})}{87.969\text{일}} \times 365\text{일} \times 100\text{년}$$

$$= 0.14764°/1\text{세기}$$

이다. 즉,

$$\text{근일점 이동} = \frac{0.14764°}{1\text{세기}} \times \frac{3600''}{1°} \approx \frac{532''}{1\text{세기}}$$

로 주어진다.

부록 I. 일반 상대성 이론에 의한 수성의 근일점 이동 값 계산

나음의 내용은 D'Inverno의 책 《Introducing Einstein's Relativity》에서 참조하였다.

수성은 '시간류 측지선'을 따라 움직인다고 한다. 따라서 3부의 식 (8)을 만족한다. 식 (8)을 다시 적어보자.

$$\left(1-\frac{2GM}{rc^2}\right)\dot{t}^2-\frac{1}{1-\frac{2GM}{rc^2}}\dot{r}^2-r^2\dot{\theta}^2-r^2\sin^2\theta\dot{\phi}^2=c^2 \qquad \text{(I1)}$$

이제

$$L^2=\left(1-\frac{2GM}{rc^2}\right)\dot{t}^2-\frac{1}{1-\frac{2GM}{rc^2}}\dot{r}^2-r^2\dot{\theta}^2-r^2\sin^2\theta\dot{\phi}^2$$

으로 놓고 오일러-라그랑주 방정식 (10)을 위의 L^2에 적용하면 측지선 방정식들이 다음과 같이 주어진다.

- $x=t$인 경우

$$\frac{d}{d\tau}\left[\left(1-\frac{2GM}{rc^2}\right)\dot{t}\right]=0 \qquad \text{(I2)}$$

- $x=\theta$인 경우

$$\frac{d}{d\tau}(r^2\dot{\theta})-r^2\sin\theta\cos\theta\,\dot{\phi}^2=0 \qquad \text{(I3)}$$

- $x=\phi$인 경우

$$\frac{d}{d\tau}(r^2\sin^2\theta\,\dot{\phi})=0 \qquad \text{(I4)}$$

이다.

$\theta=\frac{\pi}{2}$일 때 평면 운동이 일어나고 식 (I3)은 $\frac{d}{d\tau}(r^2\dot{\theta})-0=0$이 되어 '$r^2\dot{\theta}=$상수'가 된다. 즉 각운동량이 일정하다는 것을 의미한다. 식 (I4)에 $\theta=\frac{\pi}{2}$를 대입하고 적분하면 $r^2\dot{\phi}=h$를 얻고, 식 (I2)를 적분하면

$$\left(1-\frac{2GM}{rc^2}\right)\dot{t}=k$$

가 된다. 여기서 h, k는 상수이다.

그리고 $\theta=\frac{\pi}{2}$, $\dot{\theta}=0$, $\left(1-\frac{2GM}{rc^2}\right)\dot{t}=k$를 위의 식 (I1)에 대입하고 정리하면

$$\frac{k^2}{1-\frac{2GM}{rc^2}}-\frac{\dot{r}^2}{1-\frac{2GM}{rc^2}}-r^2\dot{\phi}^2=c^2 \qquad \text{(I5)}$$

이 된다.

이제 식 (I5)를 2계 미분방정식으로 바꾼다. $u=\frac{1}{r}$로 두면 $r^2\dot{\phi}=h$에서 $\dot{\phi}=hu^2$이 되고 따라서

$$\dot{r}=\frac{dr}{d\tau}=\frac{d}{d\tau}\left(\frac{1}{u}\right)=-\frac{1}{u^2}\frac{du}{d\phi}\dot{\phi}=-h\frac{du}{d\phi}$$

로 주어진다.

$r^2\dot{\phi}=h$, $\dot{r}=-h\frac{du}{d\phi}$, $u=\frac{1}{r}$을 식 (I5)에 대입하면

$$\frac{k^2}{1-\dfrac{2GmM}{c^2}u}-\frac{h^2\left(\dfrac{du}{d\phi}\right)^2}{1-\dfrac{2GM}{c^2}u}-h^2u^2=c^2$$

이 되고 $\left(1-\dfrac{2GM}{c^2}u\right)/h^2$를 양변에 곱하면

$$\frac{k^2}{h^2}-\left(\frac{du}{d\phi}\right)^2-u^2\left(1-\frac{2GM}{c^2}u\right)=c^2\left(\frac{1-\dfrac{2GM}{c^2}u}{h^2}\right)$$

가 나온다. 위를 정리하면 한 번 미분한 항이 포함된 1계 미분방정식

$$\left(\frac{du}{d\phi}\right)^2+u^2=\frac{k^2-c^2}{h^2}+\frac{2GM}{h^2}u+\frac{2GM}{c^2}u^3$$

이 주어지고 이를 미분하면 다음과 같다.

$$2u'u''+2uu'=\frac{2GM}{h^2}u'+\frac{6GM}{c^2}u^2u'$$

그리고 $2u'$을 양변에 나누면 수성의 운동에 대한 2계 미분방정식

$$\frac{d^2u}{d\phi^2}+u=\frac{GM}{h^2}+\frac{3GM}{c^2}u^2 \tag{I6}$$

을 얻는다. 위의 해는 섭동 방법을 이용하여 구한다.

먼저 $\epsilon=\dfrac{3G^2M^2}{h^2c^2}$으로 두면 식 (I6)을 다음과 같이 쓸 수 있다.

$$u''+u=\frac{GM}{h^2}+\epsilon\frac{h^2}{GM}u^2 \tag{I7}$$

그리고 식 (I7)의 해를 $u \approx u_0 + \epsilon u_1$ 로 놓고 u_0와 u_1을 구하면

$$u_0 = \frac{GM}{h^2}(1+\delta\cos\phi),\ \delta\text{는 상수}$$

$$u_1 = \frac{GM}{h^2}(1+\frac{1}{2}\delta^2) + \frac{GM\delta}{h^2}\phi\sin\phi - \frac{GM\delta^2}{6h^2}\cos 2\phi$$

를 얻는다. 과정은 다음과 같다.

$u = u_0 + \epsilon u_1 + O(\epsilon^2)$로 둔다. 그리고 다음과 같이 미분한다.

$$u' = u_0{}' + \epsilon u_1{}'$$

$$u'' = u_0{}'' + \epsilon u_1{}''$$

$$u'' + u = u_0{}'' + \epsilon u_1{}'' + u_0 + \epsilon u_1 + O(\epsilon^2).$$

그런 다음, 식 (I7)에 $u = u_0 + \epsilon u_1 + O(\epsilon^2)$을 대입하고 위의 식과 등식으로 놓으면

$$u_0{}'' + \epsilon u_1{}'' + u_0 + \epsilon u_1 + O(\epsilon^2) = \frac{GM}{h^2} + \epsilon\frac{h^2}{GM}[u_0 + \epsilon u_1 + O(\epsilon^2)]^2$$

이 된다. 위 식의 왼쪽에 있는 $O(\epsilon^2)$은 0으로 간주하고, 오른쪽에 있는 중괄호를 제곱을 했을 때 가장 큰 항 u_0^2만 취하고 다른 항들은 버리고 정리하면 다음과 같이 주어진다.

$$u_0{}'' + u_0 - \frac{GM}{h^2} + \epsilon(u_1{}'' + u_1 - \frac{h^2}{GM}u_0^2) \approx 0$$

이 식을 만족하기 위해서는

$$u_0'' + u_0 - \frac{GM}{h^2} = 0 \text{ 그리고 } u_1'' + u_1 - \frac{h^2}{GM}u_0^2 = 0$$

이 성립하면 된다.

두 경우를 고려하자.

1) $u_0'' + u_0 - \frac{GM}{h^2} = 0$인 경우, 이 식의 해는 다음과 같다.

$$u_0 = \frac{GM}{h^2}(1 + \delta\cos\phi)$$

여기서 δ는 상수이다. (참고로 이 해의 경우, 행성은 같은 궤도를 계속 돌게 된다는 것을 의미한다.)

2) $u_1'' + u_1 - \frac{h^2}{GM}u_0^2 = 0$인 경우, 이 식은 다음과 같이 나타낼 수 있다.

$$\begin{aligned} u_1'' + u_1 &= \frac{h^2}{GM}u_0^2 \\ &= \frac{h^2}{GM}[\frac{G^2M^2}{h^4}(1 + \delta\cos\phi)^2] \end{aligned}$$

항등식 $\cos^2\phi = \frac{1}{2} + \frac{1}{2}cos2\phi$를 이용하여 위 식을 정리하면

$$u_1'' + u_1 = \frac{GM}{h^2}(1 + \frac{1}{2}\delta^2) + \frac{2GM\delta}{h^2}\cos\phi + \frac{GM\delta^2}{2h^2}\cos 2\phi \quad \text{(I8)}$$

로 다시 쓸 수 있다.

위의 방정식을 만족하는 해를 $u_1 = A + B\phi\sin\phi + C\cos 2\phi$ 로 두자. 그리고 미분을 하게 되면

$$u_1{}' = B\phi\cos\phi + B\sin\phi - 2C\sin 2\phi$$
$$u_1{}'' = 2B\cos\phi - B\phi\sin\phi - 4C\cos 2\phi$$

가 나온다. 따라서

$$u_1{}'' + u_1 = A + 2B\cos\phi + (-3C)\cos 2\phi \tag{I9}$$

가 되고 식 (I8)과 (I9)를 대응시키면

$$A = \frac{GM}{h^2}(1 + \frac{1}{2}\delta^2),\ B = \frac{GM\delta}{h^2},\ C = -\frac{GM\delta^2}{6h^2}$$

을 얻는다. 그러므로

$$u_1 = \frac{GM}{h^2}(1 + \frac{1}{2}\delta^2) + \frac{GM\delta}{h^2}\phi\sin\phi - \frac{GM\delta^2}{6h^2}\cos 2\phi$$

가 된다.

u를 구체적으로 나타내면

$$u \approx u_0 + \epsilon u_1$$
$$= \frac{GM}{h^2}(1 + \delta\cos\phi) + \frac{GM\epsilon}{h^2}\left[1 + \delta\phi\sin\phi + \delta^2(\frac{1}{2} - \frac{1}{6}\cos 2\phi)\right]$$

가 된다. 수성이 태양을 공전할 때마다 $\delta\phi\sin\phi$항이 증가하기 때문에 이 항이 지배적이라고 할 수 있다. 그래서 이 항만 취하고 정리하면

$$u \approx \frac{GM}{h^2}[1 + \delta\cos\phi + \epsilon\delta\phi\sin\phi] \approx \frac{GM}{h^2}[1 + \delta\cos(\phi(1-\epsilon))]$$

이 되고, 따라서

$$u = \frac{1}{r} = \frac{GM}{h^2}\left[1 + \delta\cos\left(\phi(1-\epsilon)\right)\right] \tag{I10}$$

은 식 (I6)의 근사해가 된다. 이 해가 수성의 위치를 알려주는 궤도방정식이다.

이 식의 주기는

$$\text{주기} = \frac{2\pi}{1-\epsilon} \approx 2\pi(1+\epsilon) \tag{I11}$$

이다. 따라서 근일점 이동(precession)은

$$p = 2\pi\epsilon = 2\pi\left(\frac{3G^2M^2}{h^2c^2}\right) = \frac{6\pi G^2M^2}{h^2c^2}$$

이 된다.

케플러의 제2법칙에 의하여

$$T^2 = \frac{4\pi^2(1-e^2)a^4}{h^2}$$

으로 주어진다. 여기서 T는 공전 주기, a는 타원궤도의 긴반지름, e는 이심률이다. 한편 케플러의 제3법칙에 의하여

$$T^2 = \frac{4\pi^2a^3}{GM}$$

이 된다. 위의 두 값을 이용하면 최종적으로

$$p = \frac{6\pi GM}{c^2a(1-e^2)}$$

으로 주어진다.

부록 J. 지구 주변의 시공간의 곡률 계산

이 내용에 대한 자세한 과정은 《General Relativity and Cosmology》 또는 차동우의 《상대성이론》을 참조하기 바란다.

먼저 지구의 표면 위에 폐곡선을 다음과 같이 그린다. 지구 위에 세워진 닫힌 사각형이라고 생각할 수 있다. 이 경우, 시간은 빛의 속도로 흐른다고 간주한다.

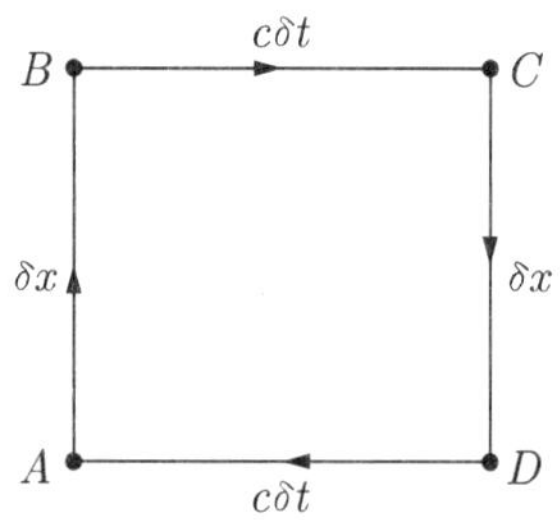

지구의 중심점에서 거리가 x인 점 A에서 시작하여 공간 축을 따라 위쪽 방향으로 무한소 거리 δx만큼 진행하여 점 B에 도착한다. 그 다음, 시간 축을 따라 $c\delta t$만큼 진행하여 점 C까지 간다. 다시 공간 축을 따라 아래쪽 방향으로 δx만큼 진행하여 점 D에 도착한다. 마지막으로 시간 축을 따라 $c\delta t$만큼 진행하여 원래의 점 A로 돌아온다.

지구의 중심에서 점 A까지의 거리인 x의 높이에서(점 A와 D 사이) 중력가속도는 $g(x)$, 점 B와 C 사이에서의 중력가속도는 $g(x+\delta x)$라고 하자. 주어진 폐곡선을 따라 한 바퀴 회전하는 벡터는 다음과 같이 표현되는 속도 4차원 벡터 $u=(\gamma v_x,\ \gamma v_y,\ \gamma v_z,\ \gamma c)$를 이용하는데, 시공간의 곡률을 구하기 위해서는 먼저 속도 변화가 얼마나 일어나는지를 알아야 한다.

점 A에서 B까지는 입자가 공간 축을 따라 이동한다. 이 구간에는 시간이 흐르지 않기 때문에 속도도 바뀌지 않는다. 점 B에서 C 사이의 속도 변화는 가속도에 시간 간격을 곱한 것이다. 이를 다음과 같이 나타내자.

$$\delta v_1 = g(x+\delta x)\delta t$$

점 C에서 D까지는 시간이 흐르지 않아 역시 속도의 변화가 없다.

점 D에서 A까지의 속도 변화는 시간이 거꾸로 흐르는 것을 감안하여 나타내면 다음과 같다.

$$\delta v_2 = g(x)(-\delta t)$$

폐곡선을 한 바퀴 돌았을 때 속도 변화 δv는

$$\delta v = \delta v_1 + \delta v_2 = [g(x+\delta x) - g(x)]\delta t$$

로 주어진다.

한편 지구의 중심에서 거리가 x가 되는 곳의 중력 가속도는 $g(x) = -GM/x^2$이다. 여기서 G는 만유인력 상수이고 M은 지구의 질량이다. 위를 미분하면 $g'(x) = 2GM/x^3$이 되고 도함수의 정의를 이용하면 다음과 같이 쓸 수 있다.

$$g(x+\delta x) - g(x) \approx g'(x)\delta x = \frac{2GM}{x^3}\delta x$$

따라서

$$\delta v = [g(x+\delta x) - g(x)]\delta t \approx \frac{2GM}{x^3}\delta x\,\delta t$$

가 된다.

속도 4차원 벡터의 크기는 불변량으로 c이고 속도 변화 δv는 오로지 속도 4차원 벡터의 방향 변화로부터 온 것이다. 따라서 위의 근삿값을 등식으로 놓으면 속도 4차원 벡터의 회전각은

$$\delta\theta = \frac{\delta v}{c} = \frac{2GM}{cx^3}\,\delta x\,\delta t$$

가 되고 폐곡선의 넓이는 $\delta x\, c\delta t$이다. 따라서 지구 주변의 시공간의 곡률은 $x = R$로 놓음으로써 다음과 같이 주어진다.

$$\text{곡률} = \frac{\delta\theta}{\delta x\, c\delta t} = \frac{2GM}{c^2x^3} = \frac{2GM}{c^2R^3}$$

부록 K. 변분법의 응용

함수 $u(x)$와 도함수 $u'(x)$에 대한 이변수함수 $F(u, u')$에 대하여 다음의 형식을 **강한 형식**(또는 오일러-라그랑주 방정식)이라 부른다.

$$\frac{\partial F}{\partial u} - \frac{d}{dx}\left(\frac{\partial F}{\partial u'}\right) = 0 \tag{K1}$$

여기서 $u' = \dfrac{du}{dx}$이다. 간혹 다음과 같이 함수 F에 대한 적분을 최소화하여 해를 구하고자 하는 경우('min'은 최소화한다는 것을 의미함)

$$\min \int_0^1 F(u, u')dx \tag{K2}$$

강한 형식 (K1)을 만족하는 함수 $u(x)$를 구해주면 된다. 식 (K2)와 같이 적분을 최소화한다는 것은 오일러-라그랑주 방정식 (K1)을 만족시키는 것과 같기 때문이다. 이를 '변분법'이라 부른다.

첫 번째 예로 두 점 사이에 주어지는 가장 짧은 곡선은 무엇인지 변분법으로 구해보자.

1. 두 점 사이에 길이가 가장 짧은 곡선

다음 그림에 주어진 두 점 $P(0, a)$, $Q(1, b)$ 사이에는 무수히 많은 곡선을 그려 넣을 수 있다. 그중 길이가 가장 짧은 곡선은 무엇일까? 당연히 직선(선분)일 것이다. 변분법을 이용하여 이를 증명해보자.

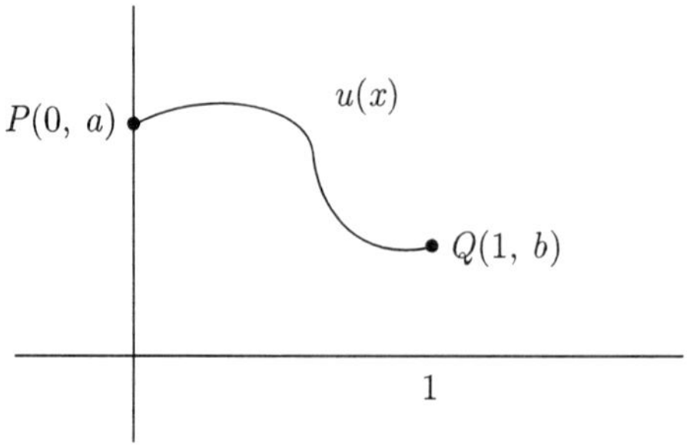

$u(x)$를 두 점 P와 Q를 잇는 임의의 곡선의 방정식이라고 하면 미적분학에 의해서 이 곡선의 길이는 다음과 같이 주어진다.

$$\int_0^1 \sqrt{1+(u')^2}\,dx.$$

거리가 가장 짧은 곡선은

$$\min \int_0^1 \sqrt{1+(u')^2}\,dx$$

를 다룸으로써 얻을 수 있다. 즉, $F(u,u')=\sqrt{1+(u')^2}$ 으로 놓고 강한 형식 (K1)을 만족하는 함수 $u(x)$를 구하면 된다.

먼저 편미분을 하면

$$\frac{\partial F}{\partial u}=0 \qquad \frac{\partial F}{\partial u'}=\frac{u'}{\sqrt{1+(u')^2}}$$

이 되고, 이를 식 (K1)에 대입하면

$$0-\frac{d}{dx}\left(\frac{u'}{\sqrt{1+(u')^2}}\right)=0$$

이 된다. 위의 양변을 적분을 하면

$$\frac{u'}{\sqrt{1+(u')^2}} = C$$

가 되고(C는 상수), 이를 정리하면 다음과 같다.

$$u' = \frac{C}{\sqrt{1-C^2}}$$

그리고 다시 양변을 적분하면

$$u(x) = \frac{C}{\sqrt{1-C^2}}x + b$$

가 된다(b는 상수). 마지막으로 $k = C/\sqrt{1-C^2}$ 로 두면

$$u(x) = kx + b$$

가 나온다. 즉, 두 점 $P(0,\ a)$, $Q(1,\ b)$ 사이에서 길이가 가장 짧은 곡선은 직선이다.

두 번째 예로 중력에 의하여 자유낙하 하는 물체의 최소거리를 변분법으로 다루어 보자.

2. 물체의 자유낙하

중력에 의하여 물체는 자유낙하 한다. 일반 상대성 이론에 의하면 중력장에서의 자유낙하는 굽은 시공간에서 거리가 최소가 되는 경로를 따라 움직인다. 변분법으로 자유낙하 하는 경로의 방정식을 구해보자.

계의 동역학을 나타내는 '라그랑지안'이라는 것이 있다. 라그랑지안은

기호 L로 표시하며 다음과 같이 우리에게 익숙한 운동에너지에서 위치에너지를 뺀 것으로 정의된다.

$$\text{라그랑지안} = \text{운동에너지} - \text{위치에너지}$$

즉

$$\begin{aligned} L &= K - U \\ &= \frac{1}{2}mv^2 - mgh \end{aligned}$$

이다.

이제 편의상 $x = h$, $\dot{x} = v$로 바꾸면 라그랑지안

$$L = K - U = \frac{1}{2}m\dot{x}^2 + mgx$$

로 나타내어진다. 라그랑지안을 적분하면 거리의 개념이 나오고 가장 짧은 거리를 구하기 위해서는 '$\int L$'과 같은 형태를 최소화 해야 하는데 대신에 오일러-라그랑주 방정식을 L에 적용하면 된다. 먼저 $\dot{x}$을 상수로 간주하면 $\frac{\partial L}{\partial x} = mg$가 되고, 이번엔 x를 상수로 간주하면 $\frac{\partial L}{\partial \dot{x}} = m\dot{x}$이고 이를 t에 대하여 미분하면 $\frac{d}{dt}\left(\frac{\partial L}{\partial \dot{x}}\right) = m\ddot{x}$이 된다. 따라서

$$\frac{\partial L}{\partial x} - \frac{d}{dt}\left(\frac{\partial L}{\partial \dot{x}}\right) = mg - m\ddot{x} = 0$$

가 되고 정리하면

$$\ddot{x} = \frac{d^2x}{dt^2} = g$$

를 얻는다. 이는 점질량 m이 중력가속도 g를 받으면서 자유낙하 하는 것을 의미한다. 뉴턴의 운동 법칙을 통해 운동 방정식을 구해보면 같은 결과 $\ddot{x} = g$을 얻는다. 물체의 위치가 0이고 초기속도도 0이면 물체가 낙하한 거리 x는 적분을 두 번 하고 정리함으로써 다음과 같이 주어진다.

$$x(t) = \frac{1}{2}gt^2$$

자유낙하는 위와 같이 주어진 가장 짧은 경로를 택한다는 것이다.

부록 L. 수성의 운동에 대한 2계 미분방정식과 해

5부에서 나타낸 수성의 운동에 대한 2계 미분방정식 (13)과 이 미분방정식의 해 (14)를 유도해 보자.

5부의 식 (12)의 양변에 $1-\alpha$를 곱하면

$$\dot{r}^2 + (1-\alpha)r^2\dot{\phi}^2 = (1-\alpha)c^2$$

이 주어지고 $u = \frac{1}{r}$, $r^2\dot{\phi} = h$, $\dot{r} = -h\frac{du}{d\phi}$, $\alpha = \frac{2GM}{rc^2}$을 위에 대입하면

$$h^2\left(\frac{du}{d\phi}\right)^2 + (1 - \frac{2GM}{rc^2})\frac{h^2}{r^2} = c^2 - \frac{2GM}{rc^2}c^2$$

이고 h^2을 위의 양변에 나누면

$$\left(\frac{du}{d\phi}\right)^2 + (1 - \frac{2GM}{c^2}u)u^2 = \frac{c^2}{h^2} - \frac{2GM}{h^2}u$$

가 되고 이를 정리하면

$$\left(\frac{du}{d\phi}\right)^2 + u^2 = \frac{c^2}{h^2} - \frac{2GM}{h^2}u + \frac{2GM}{c^2}u^3$$

을 얻는다.

이어서 이를 미분하면

$$2\dot{u}\ddot{u} + 2u\dot{u} = -\frac{2GM}{h^2}\dot{u} + \frac{6GM}{c^2}u^2\dot{u}$$

이 되고 $2\dot{u}$을 양변에 나누면 수성의 운동에 대한 2계 미분방정식

$$\frac{d^2u}{d\phi^2}+u=-\frac{GM}{h^2}+\frac{3GM}{c^2}u^2$$

이 주어진다. 위의 식은 일반 상대성 이론으로 수성의 근일점 이동 43″를 설명하는 부록 I에 있는 식 (I6)인

$$\frac{d^2u}{d\phi^2}+u=\frac{GM}{h^2}+\frac{3GM}{c^2}u^2$$

과 유사하다. 다만 오른편 첫 항의 부호가 다를 뿐이다. 참고로 미분방정식

$$\frac{d^2u}{d\phi^2}+u=\frac{GM}{h^2}\text{의 해는 } u_0=\frac{GM}{h^2}(1+\delta\cos\phi)$$

이고 오른쪽 항의 부호가 바뀐

$$\frac{d^2u}{d\phi^2}+u=-\frac{GM}{h^2}\text{의 해는 } u_0=-\frac{GM}{h^2}(1+\delta\cos\phi)$$

이다. 이 둘은 같은 타원을 의미한다. 시작점이 다르고 움직이는 방향이 반대일 뿐이다. 그림을 그려보면 $u_0=\frac{GM}{h^2}(1+\delta\cos\phi)$의 경우에는 반시계방향으로 돌고

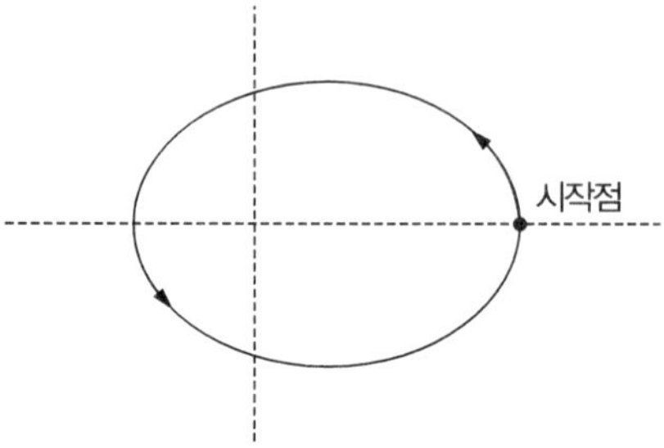

$u_0 = -\frac{GM}{h^2}(1+\delta\cos\phi)$의 경우에는 시계방향으로 돈다고 할 수 있다.

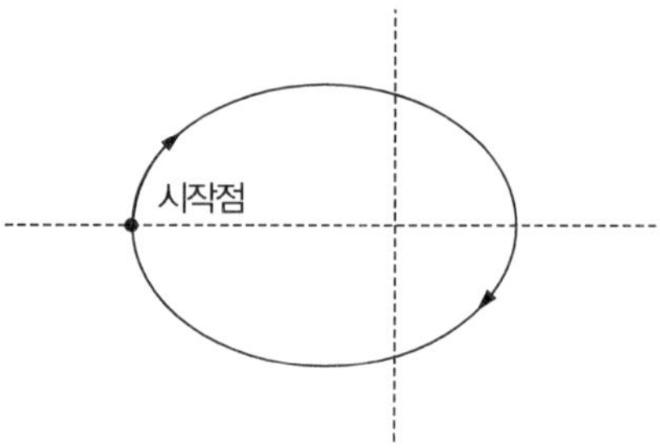

이제 5부의 식 (13)의 해 u를 구하기 위하여 $\epsilon = \frac{3G^2M^2}{h^2c^2}$으로 놓고 $u \approx u_0 + \epsilon u_1$로 나타내어 u_0와 u_1을 구해보자. $u \approx u_0 + \epsilon u_1$에 오차 항을 포함시킨 $u = u_0 + \epsilon u_1 + O(\epsilon^2)$을 미분하면 $u' = u_0' + \epsilon u_1'$, 한 번 더 미분하면 $u'' = u_0'' + \epsilon u_1''$이 되어 다음 식

$$u'' + u = u_0'' + \epsilon u_1'' + u_0 + \epsilon u_1 + O(\epsilon^2)$$

을 얻는다. 5부의 식 (13)에 $u = u_0 + \epsilon u_1 + O(\epsilon^2)$을 대입하고 위의 식과 등식으로 놓으면

$$u_0'' + \epsilon u_1'' + u_0 + \epsilon u_1 + O(\epsilon^2) = -\frac{GM}{h^2} + \epsilon\frac{h^2}{GM}[u_0 + \epsilon u_1 + O(\epsilon^2)]^2$$

이 된다. 위 식의 왼쪽에 있는 $O(\epsilon^2)$은 0으로 간주하고, 오른쪽에 있는 중괄호를 제곱했을 때 가장 큰 항 u_0^2만 취하고 다른 항들은 버리고 정리하면 다음과 같이 주어진다.

$$u_0'' + u_0 + \frac{GM}{h^2} + \epsilon(u_1'' + u_1 - \frac{h^2}{GM}u_0^2) \approx 0$$

위의 식을 만족하기 위해서는

$$u_0'' + u_0 + \frac{GM}{h^2} = 0 \text{ 그리고 } u_1'' + u_1 - \frac{h^2}{GM}u_0^2 = 0$$

이 성립하면 된다.

1) $u_0'' + u_0 + \frac{GM}{h^2} = 0$인 경우, 이 방정식의 해는 다음과 같이 주어진다.

$$u_0 = -\frac{GM}{h^2}(1 + \delta\cos\phi)$$

여기서 δ는 상수이다. (참고로 이 해의 경우 행성은 같은 궤도를 계속 돌게 된다는 것을 의미한다.)

2) $u_1'' + u_1 - \frac{h^2}{GM}u_0^2 = 0$인 경우, 이 식을 다음과 같이 나타낼 수 있다.

$$u_1'' + u_1 = \frac{h^2}{GM}u_0^2$$
$$= \frac{h^2}{GM}[\frac{(-1)^2G^2M^2}{h^4}(1+\delta\cos\phi)^2]$$

항등식 $\cos^2\phi = \frac{1}{2} + \frac{1}{2}\cos 2\phi$를 이용하여 위 식을 정리하면

$$u_1'' + u_1 = \frac{GM}{h^2}(1+\frac{1}{2}\delta^2) + \frac{2GM\delta}{h^2}\cos\phi + \frac{GM\delta^2}{2h^2}\cos 2\phi \quad \text{(L1)}$$

로 다시 쓸 수 있다.

위의 방정식을 만족하는 해를 $u_1 = A + B\phi\sin\phi + C\cos 2\phi$로 두고 미분을 하게 되면

$$u_1' = B\phi\cos\phi + B\sin\phi - 2C\sin 2\phi$$
$$u_1'' = 2B\cos\phi - B\phi\sin\phi - 4C\cos 2\phi$$

가 나온다. 따라서

$$u_1'' + u_1 = A + 2B\cos\phi + (-3C)\cos 2\phi \quad \text{(L2)}$$

를 만족한다.

식 (L1)과 (L2)를 대응시키면 $A = \frac{GM}{h^2}(1+\frac{1}{2}\delta^2)$, $B = \frac{GM\delta}{h^2}$, $C = -\frac{GM\delta^2}{6h^2}$이 된다. 그러므로

$$u_1 = \frac{GM}{h^2}(1+\frac{1}{2}\delta^2) + \frac{GM\delta}{h^2}\phi\sin\phi - \frac{GM\delta^2}{6h^2}\cos 2\phi$$

로 주어진다. 이 결과는 부록 I의 u_1의 값과 똑같다는 것을 알 수 있다.

이제

$$
\begin{aligned}
u &\approx u_0 + \epsilon u_1 \\
&= -\frac{GM}{h^2}(1+\delta\cos\phi) + \frac{GM\epsilon}{h^2}\left[1+\delta\phi\sin\phi+\delta^2\left(\frac{1}{2}-\frac{1}{6}\cos 2\phi\right)\right]
\end{aligned}
$$

가 되고 수성이 태양을 공전할 때마다 $\delta\phi\sin\phi$항이 증가하기 때문에 이 항이 지배적이라고 할 수 있다. 그래서 이 항만 취하고 정리하면

$$
u \approx -\frac{GM}{h^2}[1+\delta\cos\phi-\epsilon\delta\phi\sin\phi] \approx -\frac{GM}{h^2}[1+\delta\cos(\phi(1+\epsilon))]
$$

으로 나타낼 수 있다. 따라서

$$
u = -\frac{GM}{h^2}[1+\delta\cos(\phi(1+\epsilon))]
$$

은 5부의 식 (13)의 근사해가 된다.

참고문헌

김군찬, 김영희, 우주에서 시간이 사라지다, 경문사, 2016.

브라이언 그린(박병철 옮김), 우주의 구조, 승산, 2004.

막스 야머, 공간개념 - 물리학에 나타난 공간론의 역사, 나남, 2008(이경직 옮김).

오정근, 중력파 - 아인슈타인의 마지막 선물, 동아시아, 2016.

이종필, 이종필의 일반 상대성 이론 100주년 아주 특별한 상대성이론 강의, 동아시아, 2015.

차동우, 상대성 이론, 북스힐, 2003.

최덕기, 텐서해석개론, 범한서적, 2003.

Newton Highlight, 뉴턴 역학과 만유인력, 뉴턴코리아, 2011.

Newton Highlight, 상대성 이론, 뉴턴코리아, 2011.

Adams S, Relativity: An Introduction to Space-Time Physics, Taylor & Francis, 1997.

Bergmann P. G., Introduction to the Theory of Relativity, Dover, 1976.

Clemence G. M., The Motion of Mercury, Astro. Pap. Am. Ephemeris 11(1), 1943.

Clemence G. M., The Relativity Effect in Planetary Motions, Reviews of Modern Physics, Vol. 19(4), 1947.

Einstein A., Zur Elektrodynamik Bewegter Körper, Annalen der Physik, 17(10): 891, 1905. English Translation: on the Electrodynamics of Moving Bodies by Jeffery G. B., Perrett W., 1923.

Einstein A., Relativity, the Special and General Theory, Methuen, London, 1920.

Einstein A., The Meaning of Relativity, Methuen, London, 1946.

Einstein A., Lonentz H. A., Weyl M., Minkowski H., The Principle of Relativity (Original Papers), Dover Publications, 1952.

d'Inverno R., Introducing Einstein's Relativity, Oxford University Press, 1992.

Kolecki J. C., An Introduction to Tensors for Students of Physics and Engineering, Glenn Research Center, Cleveland, Ohio

Newton I., The Principia(Philosophiae Naturalis Principia Mathematics), London, 1686.

Pollock C., Mercury's Perihelion, 2003. (https://ar.scribd.com/document/335942243/Mercury-s-Perihelion-pdf)

Price M. P. and Rush W. F., Non Relativistic Contribution to Mercury's Perihelion, in American Journal of Physics 47(6), 531-534, 1979.

Stephani H., General Relativity: An Introduction to the Theory of the Gravitational Field, Cambridge University Press, 1982.

Vojinović M., Schwarzschild Solution in General Relativity, 2010. (http://gfm.cii.fc.ul.pt/events/lecture_series/general_relativity/gfm-general_relativity-lecture4.pdf)

찾아보기

미주

1) 어떤 물체의 운동량 p는 질량과 속도의 곱인 $p=mv$로 나타내어지고, 운동량의 변화율은 운동량을 시간에 대하여 미분을 하여 얻는다. 그래서 뉴턴 운동 제2법칙은 $\frac{dp}{dt}=m\frac{dv}{dt}=F$가 된다. 여기서 $\frac{dv}{dt}=a$로 나타내면 제2법칙인 $F=ma$가 도출된다.

2) 함수 $f(x)$에 대하여 미분을 한다는 것은 도함수 $f'(x)$를 구한다는 것을 의미하며 **도함수의 정의**는 다음과 같다.

$$f'(x)=\lim_{h\to 0}\frac{f(x+h)-f(x)}{h}$$

점 x에서 도함수의 값은 그 점에서 곡선의 기울기를 의미한다. 각 점에 대하여 기울기의 정보를 제공하므로 도함수 역시 함수가 된다.

3) 함수의 미분은 일반적으로 미주 2)에 주어진 도함수의 정의를 이용하여 구한다. 하지만 한 장소에서 다른 장소로 가고자 할 때 지름길이 있듯이 함수가 $f(x)=-x^2+3$과 같이 다항함수로 주어지는 경우에 미분은 도함수의 정의를 이용하지 않고 '법칙'을 이용하여 얻을 수 있다. 우측의 첫 번째 항 $-x^2$을 미분하는 경우, x의 지수 2가 앞으로 내려오고 지수 2에서 1을 빼주어 $-2x$가 된다. 두 번째 항 3을 미분하는 경우, 3은 상수이기 때문에 상수의 미분은 0이 된다. 즉, 상수함수는 평평하기 때문에 기울기는 0이다. 따라서 $f'(x)=-2x$가 된다. 일반적으로 $f(x)=kx^r$일 때 $f'(x)=krx^{r-1}$이 된다. 여기서 k는 상수이다.

4) $X=2,\ Y=1$을 $X=x-1,\ Y=y-2$에 대입하고 정리하면 $x=3,\ y=3$이 나온다.

5) 텐서를 벡터 형태로 나타낼 수 있으면 1차 텐서, 행렬 형태로 나타낼 수 있으면 2차 텐서라고 할 수 있다.

6) 두 점 $v_1=(2,\ 1),\ v_2=(3,\ 4)$ 사이의 거리는

$$\sqrt{(3-2)^2+(4-1)^2}=\sqrt{10}$$

이다.

7) 직교좌표계에서 한 점을 (x, y)로 표시하면 극좌표계에서는 (r, θ)로 표시한다.

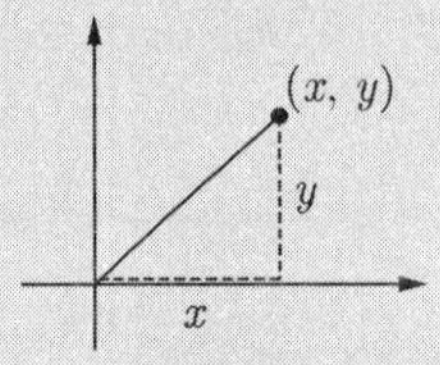

직교좌표계

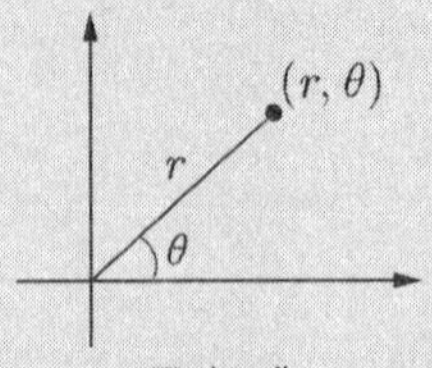

극좌표계

극좌표계에서의 r은 원점에서 점 (r, θ)까지의 거리를 나타내고, θ는 우측의 그림에서 보듯이 x축으로부터 반시계방향으로 회전한 각을 의미한다. 두 좌표계의 관계는 $x = r\cos\theta$, $y = r\sin\theta$이다. 여기서 $r = \sqrt{x^2 + y^2}$, $\theta = \tan^{-1}(y/x)$로 주어진다. 예를 들면 직교좌표계의 점 $(x, y) = (1, 1)$은 극좌표계의 점

$$(r, \theta) = (\sqrt{1^2 + 1^2}, \tan^{-1}1) = (\sqrt{2}, 45°)$$

로 나타낼 수 있다.

8) $r = \sqrt{1^2 + 1^2 + 1^2} = \sqrt{3}$

$\theta = \tan^{-1}1 = 45°$

$\phi = \cos^{-1}(1/\sqrt{3}) = 54.7°$

9) 유클리드 공간은 공간적인 3차원만 가지고 있는 반면에 1908년도에 민코프스키에 의하여 고안된 민코프스키 공간은 공간적 3차원과 시간적 1차원을 합친 4차원 시공간을 말한다. 특수 상대성 이론에서 이 시공간의 개념을 최초로 도입하였다. 유클리드 공간의 원소는 '점'이라고 하지만 민코프스키 공간의 원소는 '사건' 또는 '사차원 벡터'라고 부른다. 시공간에서는 시간과 공간이 더 이상 독립적인 변수가 아니다. 정지한 물체에는 공간의 이동이 없고 시간만이 흐른다. 하지만 물체가 운동을 시작하면 시간의 흐름 중 일부가 공간의 이동으로 변환되어 그만큼 시간의 흐름이 느려진다. 빛의 속도로 운동하는 물체가 있다면 그 물체에 대해서는 시간이 정지한다. 그래서 '임의의 물체의 속도(공간이동과 시간이동을 조합한 속도)는 어떠한 상황에서도 항상 빛의 속도와 같다'고 말한다.

10) 특수 상대성 이론에서 좌표시간 t와 고유시간 τ의 관계는

$$dt = \frac{1}{\sqrt{1 - \frac{v^2}{c^2}}} d\tau$$

이다. 사실 위의 관계는 특수 상대성 이론의 핵심이며 시간 지연 효과를 의미한다. 위를 정리하면

$$
\begin{aligned}
d\tau^2 &= dt^2\left(1-\frac{v^2}{c^2}\right) \\
&= dt^2\left\{1-\frac{1}{c^2}\left[\left(\frac{dx}{dt}\right)^2+\left(\frac{dy}{dt}\right)^2+\left(\frac{dz}{dt}\right)^2\right]\right\} \\
&= \frac{1}{c^2}\left(c^2dt^2-dx^2-dy^2-dz^2\right) \\
&= \frac{1}{c^2}ds^2
\end{aligned}
$$

이 된다는 것을 알 수 있다. 여기서 $v^2=\left(\frac{dx}{dt}\right)^2+\left(\frac{dy}{dt}\right)^2+\left(\frac{dz}{dt}\right)^2$이다. 따라서 $\left(\frac{ds}{d\tau}\right)^2=c^2$이 된다.

11) $ds^2 = A(r)dt^2 - B(r)dr^2 - r^2d\theta^2 - r^2\sin^2\theta d\phi^2$

$$= \frac{A(r)dt^2 - B(r)dr^2 - r^2d\theta^2 - r^2\sin^2\theta d\phi^2}{d\tau^2}d\tau^2$$

으로 쓸 수 있다. 양변에 제곱근을 취하면

$$
\begin{aligned}
ds &= \sqrt{A(r)\frac{dt^2}{d\tau^2}-B(r)\frac{dr^2}{d\tau^2}-r^2\frac{d\theta^2}{d\tau^2}-r^2\sin\theta\frac{d\phi^2}{d\tau^2}}\,d\tau \\
&= \sqrt{A(r)\dot{t}^2-B(r)\dot{r}^2-r^2\dot{\theta}^2-r^2\sin\theta\dot{\phi}^2}\,d\tau \\
&= L\,d\tau
\end{aligned}
$$

로 주어진다. 여기서, 예를 들면, $\dot{t}=\frac{dt}{d\tau}$을 의미한다.

12) 라그랑지안은 기호 L로 나타내며 계의 동역학을 나타낸다. 일반적으로 L은 우리가 익히 알고 있는 운동에너지 K에서 위치에너지 U를 뺀 것으로 다음과 같이 정의된다.

$$
\begin{aligned}
L &= K-U \\
&= \frac{1}{2}mv^2 - mgh
\end{aligned}
$$

그런데 빛이나 수성이 태양 근처를 지나가거나 태양 주변에서 운동을 할 때는 $L=K$가 된다. 그래서 이와 같은 경우에는

$$L = \frac{1}{2}mv^2$$

또는 $\frac{2}{m}L = v^2$으로 나타낼 수 있다. 3부의 식 (7)의 형식 1에 $d\tau^2$을 나누고 $v^2 = \left(\frac{ds}{d\tau}\right)^2$로 두면

$$\frac{2}{m}L = A(r)\dot{t}^2 - B(r)\dot{r}^2 - r^2\dot{\theta}^2 - r^2\sin^2\theta\,\dot{\phi}^2$$

이 된다. 그래서 3부의 식 (8), (9)의 왼쪽에 오일러-라그랑주 방정식 (10)을 적용한다는 것은 $\frac{2}{m}L$에 또한 적용한다고 볼 수 있다. 일반 상대성 이론을 다루는 어떤 책들은 질량을 단위 질량($m=1$)으로 놓고 오일러-라그랑주 방정식을 $2L$에 적용한다.

13) 미적분학에서 거리 $d = f(x)$를 최소화할 때는 d를 미분하고 그 결과를 0으로 놓고($d'=0$) 다룬다. 하지만 거리 d는 제곱근 '$\sqrt{\ }$'가 포함되기 때문에 편의상 d 대신 d^2을 미분하여 0으로 놓고 다룬다. 물론 결과는 똑같다.

예를 들면 직선 $y=x$ 위의 점들 중에서 점 $(1, 0)$와 가장 가까운 점을 구한다고 하자. 다음의 그림에서 보듯이 점 $(1, 0)$에서 가장 가까운 점은 $(x, y) = (1/2, 1/2)$라고 짐작할 수 있다.

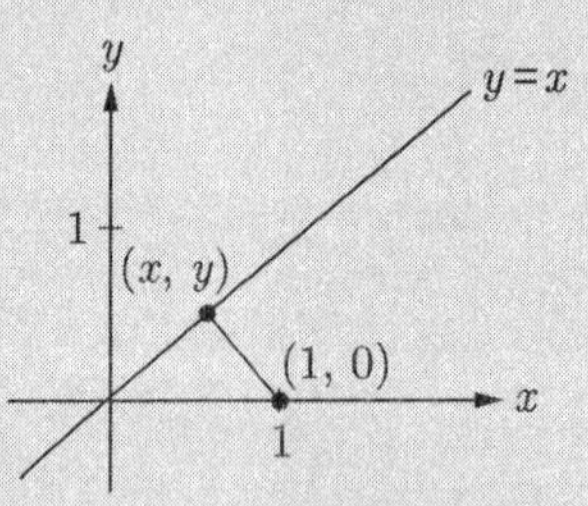

이제 (x, y)를 직선 $y=x$ 위의 임의의 점이라고 하면 두 점 (x, y)와 $(1, 0)$ 사이의 거리는 피타고라스 정리에 의하여

$$d = \sqrt{(x-1)^2 + (y-0)^2}$$

으로 주어진다. 직선 $y=x$ 위에 있는 점들 중에서 거리가 최소가 되는 점을 구하기 때문에 d에 속한 y를 x로 바꾸고 d를 x에 대하여 미분을 한 후, 그 결과를 0으로 놓아야 한다. 하지만 편의상 d 대신에 d^2인

$$d^2 = (x-1)^2 + y^2 = (x-1)^2 + x^2$$

을 미분하고 0으로 놓는다. 이를 수행하면 $2(x-1) + 2x = 0$가 되고 정리하면

$x=1/2=y$가 나온다. 직선 $y=x$ 위에 있는 점들 중에서 $(1/2, 1/2)$가 $(1, 0)$에 가장 가깝다.

14) 이 개념을 쉽게 이해하기 위하여 예를 들어보자. 극좌표계에서 $\theta \in [0, 2\pi]$일 때 $r=1-\cos\theta$는 어떤 물체의 움식임을 나타내는 방정식이라고 생각할 수 있다. 그래프를 그려보면 다음과 같은데 물체가 $\theta=0$일 때는 원점을, $\theta=\pi$일 때는 점 $(\pi, 2)$를 지나가고 $\theta=2\pi$일 때는 원점에 되돌아 왔다고 생각할 수 있다.

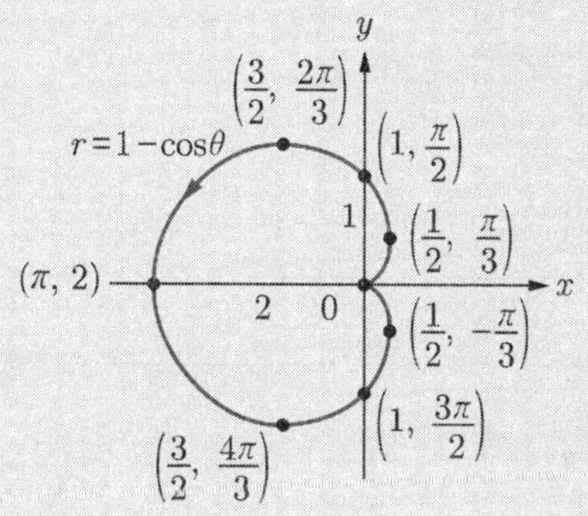

r과 θ를 연결하는 이 방정식 $r=1-\cos\theta$를 어떤 물체이 궤도방정식이라 할 수 있다.

15) 함수 $f(x)$의 그래프를 그리면 곡선이 주어진다.

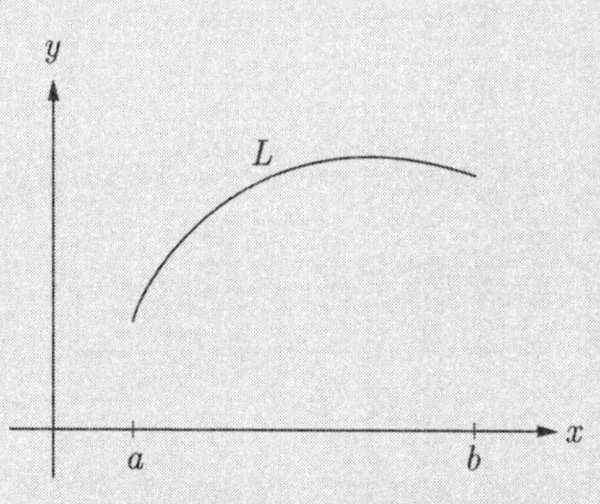

이 곡선의 길이 L은 다음과 같이 $\sqrt{1+[f'(x)]^2}$을 a에서 b까지 적분을 하면 구할 수 있다.

$$L=\int_a^b \sqrt{1+[f'(x)]^2}\,dx$$

16) 별빛에 대한 궤도방정식은 다음과 같이 주어진다.

$$\phi(r) = \int \frac{1}{r^2}\sqrt{\frac{A(r)}{\frac{1}{J^2B(r)} - \frac{1}{r^2} - \frac{E}{J^2}}}\,dr$$

여기서

$$J = r^2\frac{d\phi}{dt}$$

$$E = -A(r)\left(\frac{dr}{dt}\right)^2 - \frac{J^2}{r^2} + \frac{1}{B(r)}$$

이다.

17) 간단한 예를 들어 보자. $\phi_\infty = 2$, $\phi(r_0) = -1$이면

$$(\phi_\infty + (-\phi(r_0))) = 2 - (-1) = 3$$

그리고

$$|\phi(r_0) - \phi_\infty| = |-1-2| = 3$$

이 된다. 따라서 $(\phi_\infty + (-\phi(r_0)))$를 $|\phi(r_0) - \phi_\infty|$로 나타낼 수 있다.

18) 수성에 대한 궤도방정식은 다음과 같이 주어진다.

$$\phi(r) = \int \frac{1}{r^2}\sqrt{\frac{A(r)}{\frac{1}{J^2B(r)} - \frac{1}{r^2} - \frac{E}{J^2}}}\,dr$$

여기서는 별빛의 경우와 달리

$$J^2 = \frac{\frac{1}{B(r_+)} - \frac{1}{B(r_-)}}{\frac{1}{r_+^2} - \frac{1}{r_-^2}}$$

$$E = \frac{1}{r_+^2 - r_-^2}\left[\frac{r_+^2}{B(r_+)} - \frac{r_-^2}{B(r_-)}\right]$$

이다.

19) x를 dr에 비례한다고 가정하고 다음과 같이 두면

$$x = \left(\frac{1}{\sqrt{1 - \frac{a}{R}\alpha'}} - 1\right)dr$$

수성이 휘지 않는 경우에 $\alpha' = 0$이 되어 $x = 0$이 되고 $\widetilde{dr} = dr$이 된다. 비례 상수

k를

$$\frac{1}{\sqrt{1-\frac{a}{R}\alpha'}}-1=\frac{1}{\sqrt{1-\alpha}}-1$$

로 두었지만 이의 타당성에 대해서는 연구가 계속되어야 한다고 본다.

20) 제1종 크리스토펠 기호는 다음과 같이 계량텐서와 제2종 크리스토펠 기호의 곱으로 정의된다.

$$\Gamma_{\sigma\mu\nu}=g_{\sigma\lambda}\Gamma^{\lambda}_{\mu\nu}$$